儿童实用科普图鉴

我想认识你，星星和宇宙

[日]藤井旭 监修
黄慧敏 译

海天出版社
HAITIAN PUBLISHING HOUSE
·深圳·

当你抬头望向天空，当你发现自己身处宇宙之中，你会不会感到不可思议？对于宇宙，你的脑海里是不是充满各种各样的问号，迫不及待地想要知道答案呢？

如果是的话，那你可要好好读一读这本书了。我们将宇宙中的行星、星座等各种天体拟人化，让它们化身为可爱的漫画角色，用漫画的形式告诉你关于宇宙的各种知识。

读完本书，你会明白宇宙的一些秘密，发现太阳、月亮以及许多其他星星的真面目！

快来和可爱的星星们一起探索宇宙的奥秘！

藤井旭

这本书里都有什么？

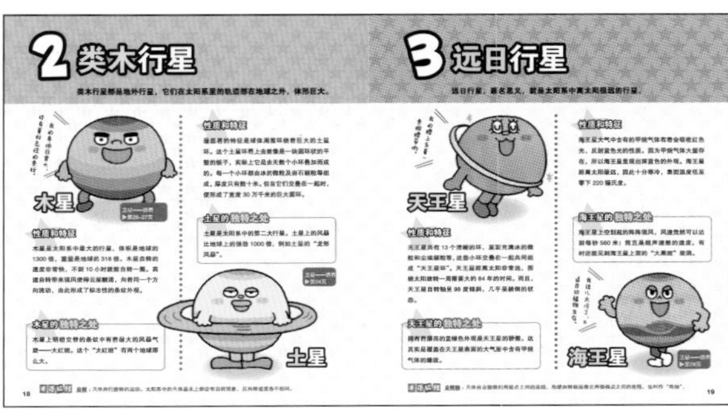

关于宇宙的构造以及各类天体

用漫画的形式简单明了地介绍关于地球和月球的诞生、宇宙的结构等知识。太阳系中的各种天体一一登场，给大家做自我介绍。

关于在地球上能见到的太阳和月亮

用漫画和插图的形式，介绍从地球上看到的太阳和月亮的运动轨迹和形态变化。地球化身“领航员”，落在地球上的陨石还会和地球上的狗狗“奇诺”说话，快来看看它们说了些什么吧。

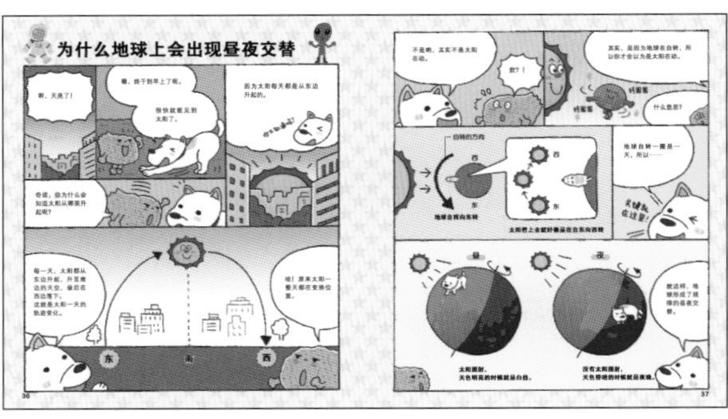

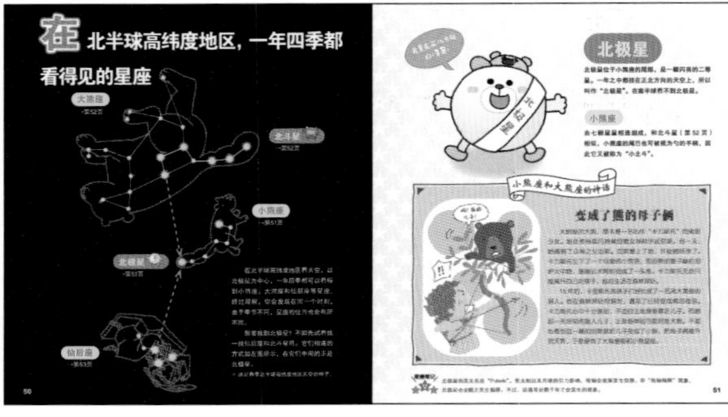

关于星星、星座以及它们的变化

除了太阳和月亮之外，太空中还有很多其他的星星。本书用漫画的形式告诉你，星星们是怎么运动的，每个季节的星星有什么不同，还有关于这些星星的神话故事。

目录

矮行星

小行星

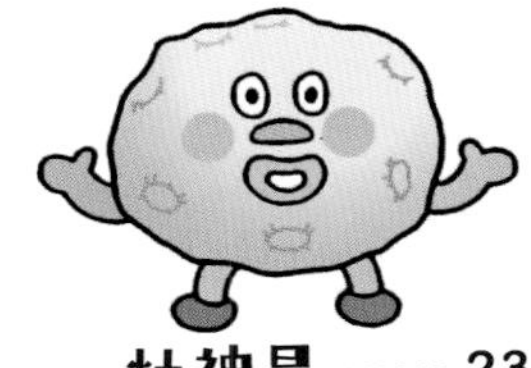

卫星

让我们一起来
揭秘吧！

北极星

地球与月球的诞生

这里是距今100多亿年前的宇宙。

有一天，宇宙突然发生了大爆炸。

轰隆——

经过漫长的岁月，宇宙中的气体、尘埃不断聚集，渐渐地形成小小的气团。

气团、尘埃在飘浮的过程中相互碰撞。

又在碰撞中相互融合，最终形成了巨大的固态星子。

随着时间的流逝，固态星子渐渐地形成一个巨大的球体。

地球诞生了！

呜哇呜哇

然而有一天，一颗巨大的星星撞向了地球。
嗖——
危险！！
哇啊啊！
由于撞击造成的冲击力，地球的一部分碎片飞散在宇宙之中。
好疼……
啊！这是我的碎片吗？
结果，这些碎片聚集在地球周围，围绕着地球不断旋转。
这是怎么回事？
一段时间后，小碎片形成了大球体。月球就这样诞生了！
嗷呜——
在距今约46亿年前的宇宙中，就这样形成了地球、月球以及太阳系的其他星星。

宇宙的结构和太阳系的星星们

地球是浩瀚宇宙中的一颗星星。

本章主要介绍广阔宇宙的结构，

以及围着太阳旋转的星星们。

叮咚——
这里是“银河小学”。
太阳系年级
叽叽喳喳
叽里呱啦
咔嗒咔嗒
大家安静一下！
今天，有一名新同学
来到了我们班。
他的名字叫“彗星”。
大家好！我是太阳系年级的新生。虽然
我只是暂时待在这里，但是也希望能和
大家好好相处。
鞠躬
为什么呀？你不
能一直留在我们
班吗？
因为我是“彗星”呀，彗星大部
分时间都是在宇宙中自由移动的。
（想知道为什么吗？可以看看第28页。）
哇，那你是从宇宙中离我们
很远很远的地方来的吗？！
那你不就知道很多太阳
系之外的事情了？
好厉害！
没有啦，因为宇宙
实在太大了！

宇宙的结构是什么样的

老师，我还想知道更多有关宇宙的事情！
我也是！
我知道一点点！
太阳系
没错，你说得很对！
我们这些行星围绕在太阳身边，以太阳为中心形成了太阳系。

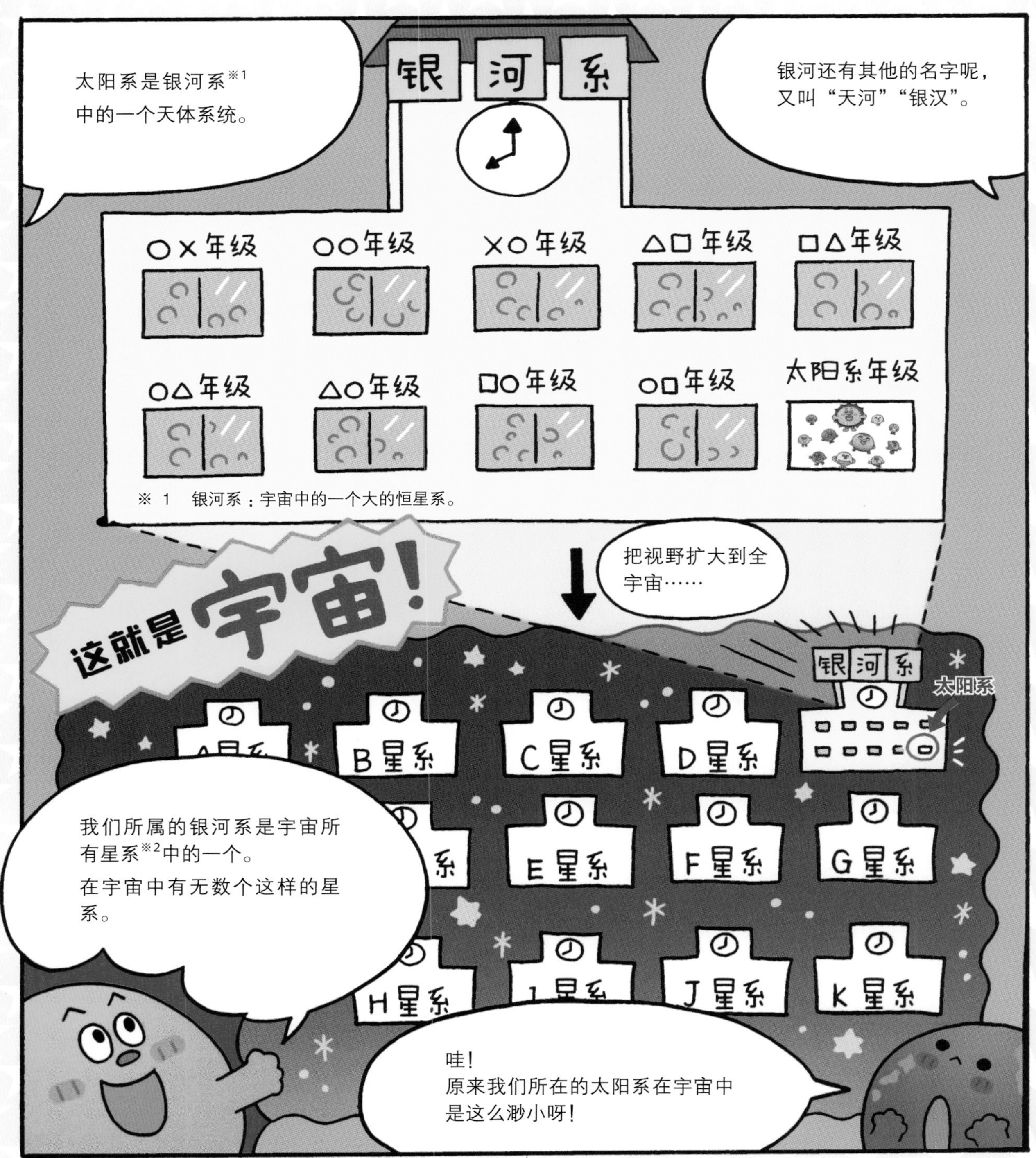

※2　星系：由无数的恒星、气体和星际尘埃汇集而成的天体系统。比如仙女座星系。

太阳系的成员简介

这里是以太阳为中心的太阳系，我们将向大家介绍有个性的星星们。

太阳

性质和特征

太阳的表面温度高达 5500 摄氏度，中心温度约 1500 万开，是一种难以想象的热。太阳表面大气最外层的是“日冕”，温度甚至可以超过 100 万开。

太阳主要是由氢元素构成的，氢元素的变化产生了热能。你知道吗，太阳的直径竟然是地球的 109 倍！

太阳的独特之处

太阳拥有强大的引力，可以牢牢吸引住行星们，并且和它们一起组成了太阳系。

太阳系中天体的种类

恒星：自身可以发光发热的天体。比如太阳以及星座中的一些星星。

行星 ▶第15–19页：围绕恒星旋转，质量、体积较大的天体。

矮行星 ▶第22页：围绕恒星旋转，比行星小、不满足行星标准的天体。

小行星 ▶第23页：围绕太阳旋转，体积非常小的天体。即便是最大的小行星也比日本小。

卫星 ▶第24–28页：围绕行星、矮行星、小行星旋转的天体。

术语解释

引力：物体之间相互吸引的力。最初由英国科学家牛顿发现。

开：热力学温度单位“开尔文”的简称，符号为 K。水在标准大气压下结冰的温度，即 0℃，相当于热力学温度 273.16K。

行星的3种分类

八大行星可以分为以下三类：

1 类地行星

类地行星的表面通常是由岩石和金属构成的。中心部分包含铁、镍等金属。外层的地幔、地壳主要是由岩石组成的，所以会很重。

水星、金星、地球、火星 ▶第16–17页

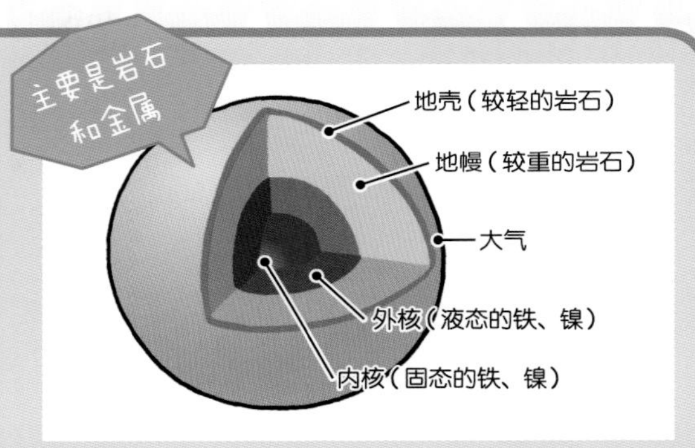

2 类木行星

主要的成分是氢和氦，缺乏坚实的表面。虽然体积很大，但是密度很小。假如将土星放入巨大的游泳池里，它一定会浮起来。

木星、土星 ▶第18页

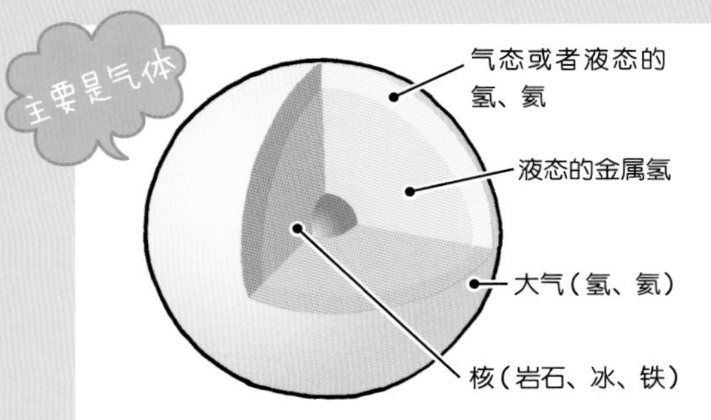

3 远日行星

冰巨星的内核由岩石组成，外层是氨、水、甲烷组成的厚厚冰层。表面包裹着大气层，其中含有氦、甲烷等。

天王星、海王星 ▶第19页

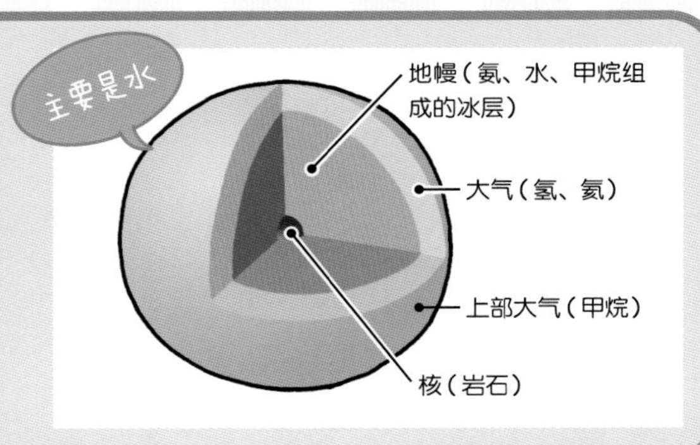

术语解释 核：行星的中心部分，有些行星的核分“内核”和“外核”。

1 类地行星

距离太阳最近的四颗行星都是类地行星。

我可是离太阳最近的行星哟。
水星

性质和特征

距离太阳最近，也是太阳系中最小的行星。表面凹凸不平，遍布环形山、断崖等。虽然它的名字叫作“水星”，但是上面可没有水呢。由于水星体积小，因此它的引力不够强，表面没有大气层覆盖，昼夜温差极大。

水星的独特之处

在水星上面看到的太阳可是在地球上看到的三倍大呢。水星表面白天的温度高达 430 摄氏度，夜晚却会降至零下 160 摄氏度。

性质和特征

金星表面覆盖着厚厚的云层，云层之下是一个“酷热地狱”。不论是白天还是晚上，金星表面的温度都在 460~500 摄氏度之间。这是因为金星的大气主要由二氧化碳组成，大量二氧化碳的存在使得太阳的热量完全无法释放。金星表面经常出现 100 米 / 秒的超级飓风，被称为“超旋转”现象。

金星的独特之处

金星是从地球上看到的最明亮的行星。清晨时分，金星出现在东方天空，此时它被称为“启明星”；傍晚时它处于天空的西侧，被称为“长庚星”。

我和地球差不多大呢。
金星

术语解释 **大气**：包围在行星等天体表面的气体层，由许多种气体构成。

我是唯一拥有空气的行星哦。
地球
卫星——请看
▶第24页

性质和特征

地球表面约 70% 被海洋覆盖，因此也被称为“水之行星”。地球和太阳的距离刚刚好，所以地球不会太热也不会太冷。多亏了大气层中充足的氧气，生命才能够呼吸、生长。地球上遍布各种各样的生命，人们都说地球是“奇迹之星”。

地球的独特之处

地球像个“大磁铁”，当你拿着指南针的时候，你会发现北极（N）一定会指向北，而南极（S）会指向南。

性质和特征

火星是太阳系由内往外数的第四颗行星，排在地球的后面。整体呈现橘红色，那是因为火星表面覆盖着大量赤铁矿，也就是“生锈了的铁”。火星的地形丰富多变，不仅有高达 25000 米的火山，还有长约 4000 千米、深约 7 千米的巨大峡谷。火星经常会出现沙尘暴和龙卷风。

火星的独特之处

火星的大气层比较稀薄，主要成分是二氧化碳。火星和地球一样都有着四季变化。在距今约 30 亿 ~35 亿年前，火星上曾有丰富的水资源。

我这里有太阳系最大的火山呢。
火星
卫星——请看
▶第25页

术语解释 <u>火山</u>：太阳系的各行星身上都有着不少的火山。不过，除了地球之外，大多数行星上面的火山都是不活动的“死火山”。

2 类木行星

类木行星都是地外行星，它们在太阳系里的轨道都在地球之外，体形巨大。

我的身体非常大，
还有着标志性的条纹。
木星

卫星——请看
▶第26~27页

性质和特征

木星是太阳系中最大的行星，体积是地球的1300倍，重量是地球的318倍。木星自转的速度非常快，不到10小时就能自转一圈。高速自转带来强风使得云层翻涌，向着同一个方向流动，由此形成了标志性的条纹外观。

木星的独特之处

木星上明暗交替的条纹中有着最大的风暴气旋——大红斑。这个“大红斑”有两个地球那么大。

性质和特征

最显著的特征是球体周围环绕着巨大的土星环。这个土星环看上去就像是一块圆环状的平整的板子，实际上它是由无数个小环叠加而成的。每一个小环都由冰的微粒及岩石颗粒等组成，厚度只有数十米。但当它们交叠在一起时，便形成了宽度30万千米的巨大圆环。

土星的独特之处

土星是太阳系中的第二大行星。土星上的风暴比地球上的强劲1000倍，例如土星的“龙形风暴”。

卫星——请看
▶第24页

术语解释 **自转**：天体自行旋转的运动。太阳系中的天体基本上都会有自转现象，其自转速度各不相同。

3 远日行星

远日行星，顾名思义，就是太阳系中离太阳很远的行星。

我的腰上系着一条细腰带哟。

天王星

性质和特征

天王星有 13 个清晰的环，里面充满冰的微粒和尘埃颗粒等，这些小环交叠在一起共同组成“天王星环”。天王星距离太阳非常远，围绕太阳旋转一周需要大约 84 年的时间。而且，天王星自转轴呈 98 度倾斜，几乎呈躺倒的状态。

天王星的独特之处

拥有着漂亮的蓝绿色外观是天王星的骄傲。这其实是覆盖在天王星表面的大气层中含有甲烷气体的缘故。

性质和特征

海王星大气中含有的甲烷气体有着会吸收红色光、反射蓝色光的性质。因为甲烷气体大量存在，所以海王星呈现出深蓝色的外观。海王星距离太阳最远，因此十分寒冷，表面温度低至零下 220 摄氏度。

海王星的独特之处

海王星上空刮起的阵阵强风，风速竟然可以达到每秒 560 米！简直是超声速般的速度。有时还能见到海王星上面的“大黑斑”旋涡。

我这儿太冷了，不适合动植物生存。

海王星

卫星——请看 ▶第28页

术语解释 自转轴：天体自身旋转的两极点之间的连线。地球自转轴是南北两极极点之间的连线，也叫作“地轴”。

太阳系行星数据一览

※1. 以地球直径为“1”所计算得出的比值。

※2. 地球的重量为5.972×10^{24}千克，也就是59.72万亿亿吨。

	水星	金星	地球	火星	木星
直径 ※1	4879km（约0.38）	12104km（约0.95）	12756km（1.00）	6792km（约0.53）	142984km（约11.0）
重量 ※2	约为地球的1/18	约为地球的4/5	—	约为地球的1/9	约为地球的318倍
重力	约为地球的2/5	约为地球的9/10	—	约为地球的2/5	约为地球的2.37倍
公转周期	87.97天	224.7天	365.24天	686.98天	11.86年
自转周期	58.65天	243.02天	23.94小时	24.62小时	9.93小时
转轴倾角	0°	177.4°	23.44°	25°	3.1°
表面温度	-160℃ ~ 430℃	470℃	-90℃ ~ 60℃	-140℃ ~ 27℃	-140℃

喂——水星在这儿呢~
地球和金星差不多大呢。
木星好大呀!

与太阳的距离比较

下图中（ ）内是以地球到太阳的距离为“1”所计算得出的比值。用实际的比值估算出各行星到太阳之间的距离。

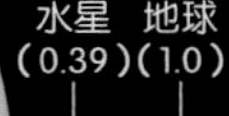

太阳

水星（0.39） 地球（1.0）

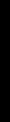

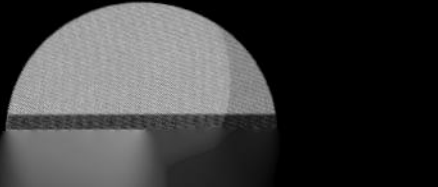

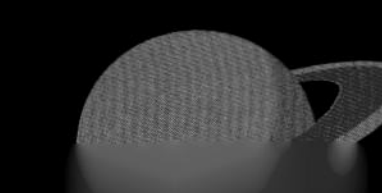

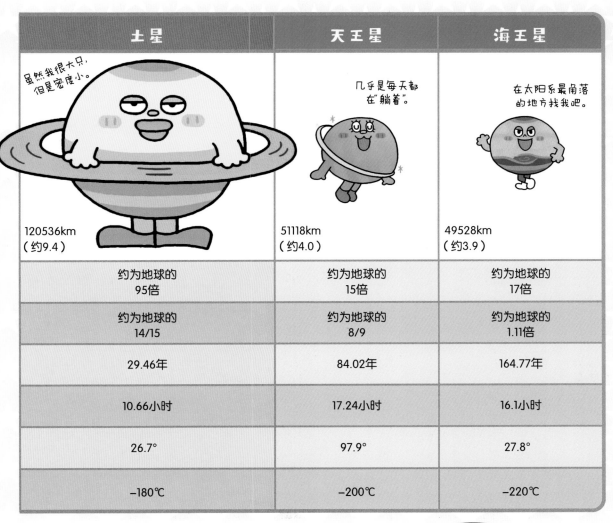

土星	天王星	海王星
 虽然我很大只，但是密度小。 120536km （约9.4）	 几乎是每天都在"躺着"。 51118km （约4.0）	 在太阳系最角落的地方找我吧。 49528km （约3.9）
约为地球的95倍	约为地球的15倍	约为地球的17倍
约为地球的14/15	约为地球的8/9	约为地球的1.11倍
29.46年	84.02年	164.77年
10.66小时	17.24小时	16.1小时
26.7°	97.9°	27.8°
–180℃	–200℃	–220℃

地球与太阳的距离大约是1.5亿千米。

矮行星

矮行星是大小等条件未能满足行星标准的天体。

冥王星

性质和特征

冥王星主要由岩石和冰组成，表面覆盖着由甲烷、氮形成的冰层。表面温度低至零下 230 摄氏度，异常寒冷。冥王星表面的斑纹还会随着季节变化而改变。冥王星直径为 2377 千米。

阋(xì) 神星

性质和特征

阋神星是“海外天体”之一，围绕太阳公转一周需要 561 年。直径约 2400 千米。阋神星还有一颗自己的卫星呢。

谷神星

性质和特征

谷神星是唯一位于小行星带的矮行星。曾被定义为小行星，但是在 2006 年，国际天文学联合会将它重新定义为矮行星。它的直径约 939 千米。

鸟神星

性质和特征

鸟神星的名字源自复活节岛原住民神话中的创造人类的神。它围绕太阳公转一周需要 306 年。直径约 1400 千米。

妊(rèn)神星

性质和特征

妊神星呈椭球形。它的自转速度非常快，仅需 4 小时就能自转一周。或许，正是因为妊神星罕见的高速自转才导致它椭圆的形状。妊神星有两颗卫星。

术语解释 **海外天体**：运行轨道超出海王星轨道范围（第 28 页）的天体。现已发现的海外天体数量超过 2700 个，冥王星、阋神星、鸟神星、妊神星等都属于海外天体。

小行星

接下来向大家介绍在众多的小行星中“体形”比较大的几位成员。

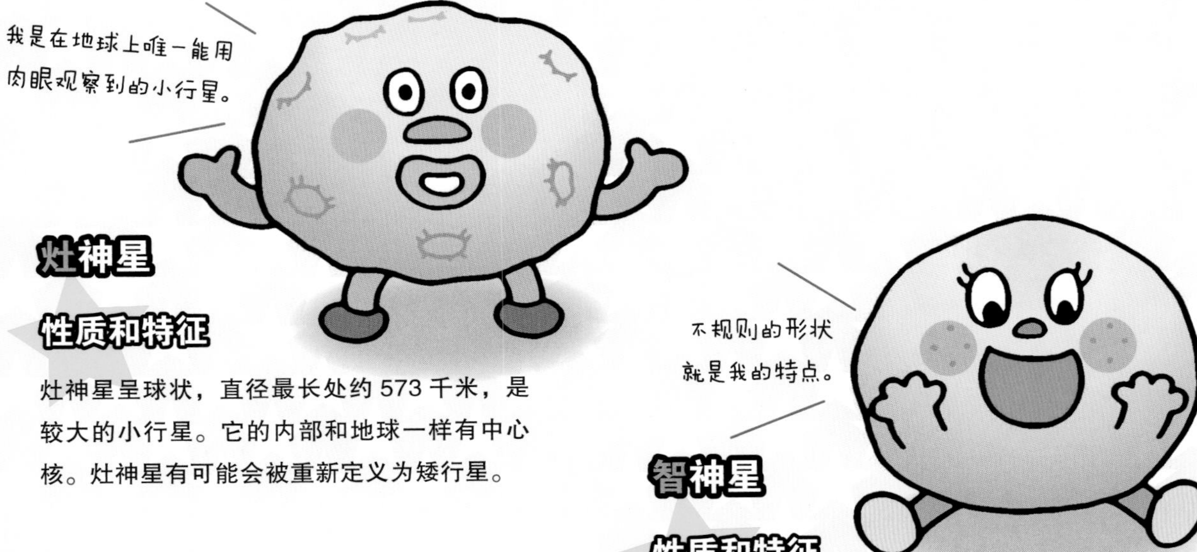

我是在地球上唯一能用
肉眼观察到的小行星。
不规则的形状
就是我的特点。

灶神星

性质和特征

灶神星呈球状，直径最长处约 573 千米，是较大的小行星。它的内部和地球一样有中心核。灶神星有可能会被重新定义为矮行星。

智神星

性质和特征

智神星的形状稍显不规则，是较大的小行星，直径最长处约 520 千米。它是小行星带中第二颗被人类发现的小行星。

婚神星

性质和特征

婚神星直径约 240 千米，它的名字来源于罗马神话中的“婚姻之神”朱诺。婚神星最大的特征是有着巨大的环形山。

术语解释 **小行星带**：小行星最密集的区域，因此也被称为主带。小行星带之外的区域也有小行星存在。

卫星

围绕行星、矮行星、小行星旋转的天体被称为卫星。

月球

性质和特征

月球上没有水，只有干硬的岩石。由于没有大气层覆盖，因此月球上不会刮风。因为没有传递声音的介质，所以在月球上什么也听不见。月球表面的重力约为地球的 1/6，如果你在月球上轻轻一跳，就会蹦到比在地球上高六倍的地方去！

月球的独特之处

从地球上可以观察到月球表面有兔子形状的阴影。因为月球距离地球最近，所以也是迄今为止唯一有人类踏足的地外星球。

性质和特征

土卫六不仅是土星最大的卫星，还是太阳系中第二大的卫星。土卫六的大气中含有高浓度的氮和甲烷，其大气层顶甚至高达 880 千米。这样的环境与远古地球相似，因此，也有人认为土卫六上可能存在原始生命。

土卫六的独特之处

根据卡西尼号探测器的发现，土卫六的北极和南极存在数百个由液态甲烷和乙烷组成的湖泊。

土卫六

术语解释 **重力**：物体由于天体的吸引而受到的指向天体中心的力。重量是物体受重力的大小的度量。

性质和特征

火卫一的形状有点像土豆，直径最长处约 26 千米，距离火星约 9400 千米。火卫一围绕火星旋转一周的时间是 7 小时 40 分钟。由于火卫一一直在不断地向火星靠近，预计将在 4000 万年后与火星相撞。

火卫一的独特之处

火卫一表面有一个直径 9 千米的巨大陨石坑，叫作“史蒂克妮陨石坑”。

性质和特征

火卫二比火卫一小一些，也是火星的卫星，它的直径最长处约 16 千米。火卫二表面的陨石坑规模比火卫一的小，地形相对更加平坦。火卫二距离火星约 2.35 万千米，围绕火星旋转一周的时间约 30 小时。

火卫二的独特之处

其实，火卫一和火卫二原本都是小行星，只是被火星的引力所捕获，成为火星的卫星。

环形山：天体表面巨大的环形地貌，可能由其他天体的撞击或火山喷发形成。由撞击形成的环形山也可称为陨石坑。

接下来介绍的是木星的四大卫星。

由于它们是意大利天文学家伽利略·伽利雷发现的，所以也被称为“伽利略卫星”。

性质和特征

木卫一和月球差不多大，是除了地球之外第一个被发现有火山存在的天体。木卫一的皮兰火山一次喷发的高度可以达到卫星表面上空 140 千米的位置，一年之中熔岩的流量是地球上火山的 100 倍。

木卫一的独特之处

木卫一上火山遍布，整颗星球都在源源不断地散发着温度极高的热能。

性质和特征

在木卫二表面的冰层之下，有着深达 100 千米的海洋（水层）。木卫二表面有着红褐色的纹路和斑点，这是冰层破裂后海水上涌，又再次结冰所形成的。

木卫二的独特之处

木卫二的海底可能存在热液喷口，如果确实存在，那么木卫二上可能有生命能够生存，而这必将成为一个宇宙大发现。

热液喷口：被天体内部的热能加热的海水，沿着表面的裂口喷发，这样的海底裂口就叫作热液喷口。

我是木星的
卫星
木卫三

性质和特征

木卫三表面覆盖着冰层，科学家推测在冰层之下可能存在海洋（水层）。木卫三表面存在两种主要地形：较暗的地区遍布着陨石坑，地质年代较为久远；比较明亮的部分纵横交错着大量的沟壑和山脊。

木卫三的独特之处

木卫三是太阳系中最大的卫星。虽说是卫星，但它比水星（第 16 页）这颗行星还要大呢。

性质和特征

木卫四是太阳系中第三大的卫星。它的表面除了有各种形态的撞击坑之外，还覆盖着厚达 200 千米的冰层。据推测，木卫四表面之下可能有海洋（水层）存在。

木卫四的独特之处

木卫四的表面有直径超过 3000 千米的多环盆地。这可能是陨石撞击事件造成的，但真实情况还是一个谜。

我也是木星的
卫星
木卫四

术语解释 <u>空间探测器</u>：又名“宇宙探测器”，是人类研制的用于对地球以外的天体和空间进行探测的无人航天器。1959 年 1 月，苏联向月球发射的“月球 1 号”是世界上第一个空间探测器。

海王星有 14 颗卫星。这里向大家介绍其中最大的一颗——海卫一。

海卫一

性质和特征

海王星其他的卫星都比较小，并且形状都是不规则的，只有海卫一是球状的。海卫一表面还有“冰火山”呢。不过虽说是火山，但是喷出的并不是岩浆，而是冰冷的水、氨、甲烷一类的挥发物，被称为“冰岩浆”。

海卫一的独特之处

海卫一有一个逆行轨道，轨道公转方向与行星的自转方向相反。而且，海卫一正不断朝着海王星靠近，说不定有一天它们会相撞。

彗星是什么天体?

彗星是围绕太阳沿着椭圆轨道旋转的“脏雪球”。

彗星其实是直径从数千米到数十千米不等的“脏雪球”。当接近太阳时，彗星表面的冰受热升华成尘埃和气体，于是形成了彗头和彗尾，状如扫帚。因此，彗星也叫“扫帚星”。

彗星围绕太阳旋转的轨道一般是椭圆形的，旋转周期从数十年至数百年不等，所以在地球上观察到的彗星有可能人生中再也无法看见第二次了。

术语解释 轨道：行星围绕太阳旋转、卫星围绕行星旋转的固定路线，也叫作“轨迹”。

从上方观察太阳系八大行星的轨道，进行等比例缩小之后可以得到下图，你可以试着对比一下彗星的轨道哦。

按照距离太阳的远近进行排列，依次为：水星→金星→地球→火星→木星→土星→天王星→海王星。八大行星围绕太阳旋转的运动，称为“公转”。

彗星（以哈雷彗星为例）的轨道如图所示，是扁扁的椭圆形。

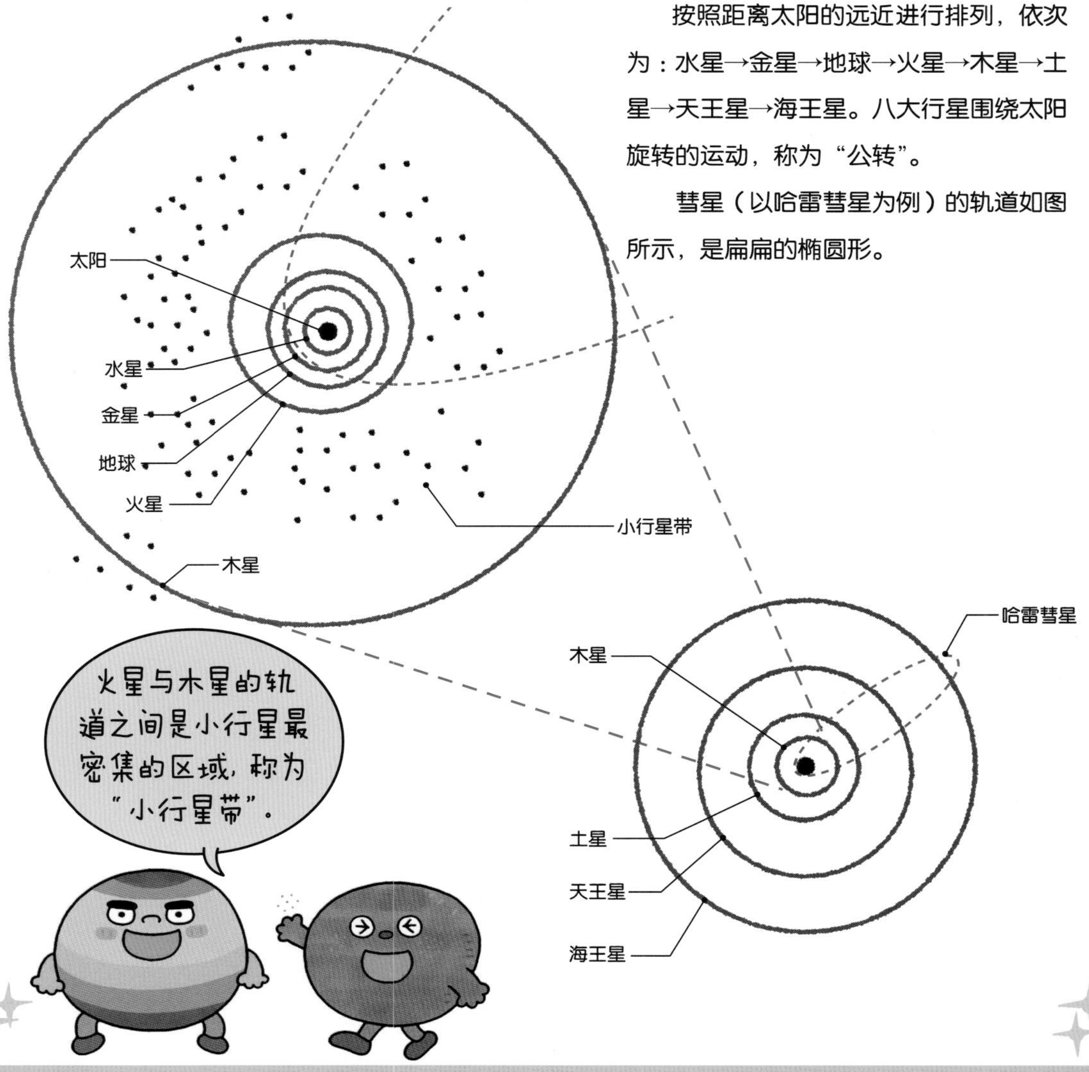

太阳
水星
金星
地球
火星
木星
小行星带

木星
土星
天王星
海王星
哈雷彗星

火星与木星的轨道之间是小行星最密集的区域，称为“小行星带”。

星星告诉你！

关于宇宙的秘密

为什么行星大多数都是圆圆的球状？

因为有引力的存在。引力就是物体之间相互吸引的力，越重的物体引力就越大。引力把宇宙中的气体、尘埃、岩石等吸引到天体的表面，由于指向天体内部的引力是均匀分布的，所以行星会渐渐成为球状。

如果没有了太阳会怎么样呢？

如果没有了太阳，那么太阳系中的行星们将不再拥有白昼，从而陷入无尽的黑夜，变成一片冰天雪地，地球上的生物也会因为极度的寒冷而相继死去。

而且，如果没有了太阳，缺少了太阳引力的吸引，所有行星都会脱离原来的轨道，不知道将会飞往何处去。

行星的重量和距离是怎么测算出来的呢？

毋庸置疑，我们是无法进行实际测量的，但是我们可以利用公式进行计算来得出结果。首先，我们需要知道行星到其卫星之间的距离，从该卫星公转的时间可以用除法算出该行星的引力。知道了引力之后就可以计算出重量了。顺便一提，我们常说行星的“重量”，其实“质量”一词才是更为准确的表达。而距离怎么算呢？我们可以向行星发射电磁波，根据电磁波被反射回来的时间进行测算。

※ 这个方法仅适用于太阳系的行星。

什么是“黑洞”？

比太阳的质量还要大上 25~30 倍的恒星在燃烧殆尽后，在自身物质的引力作用下向内塌陷，也就是“引力坍缩”现象，由此形成“黑洞”。无比巨大的引力导致周围的所有物质都会被吸入黑洞里，连光都无法逃脱。由于光也会被吸收，所以黑洞无法被人们直接观察到。

真的有外星人吗？

很遗憾，在太阳系的各个天体中并没有外星人。在有水的天体中可能有生物存在，但那些都只是微生物而已。

不过，在太阳系之外的地方，应该也存在着和地球环境类似的天体。或许外星人正生[illegible]离我们非常遥远的地

宇宙中真的有云吗？

宇宙中的云叫作“星云”，和我们在平时看到的云不一样。星云不是由水或冰的颗粒构成的，而是由飘浮在宇宙中的气体和尘埃结合成的云雾状天体。

星云可以分为被周围的天体照亮的“亮星云”和挡住背景恒星、漆黑一片的“暗星云”。

什么是人造卫星？

人造卫星是人们为了进行科学探测和研究，发射至地球轨道的无人航天器。人造卫星会一直在环绕地球的轨道上飞行，确实有些容易和天体中的卫星混淆呢。

除了空间探测之外，还有专门用于获知天气信息的气象卫星哦。

在地球上能见到的太阳和月亮

每一天，我们都能看到从东边升起又从西边落下的太阳，

还有每一夜都挂在天边的月亮。

对于地球最熟悉的这两个“老朋友”，你又了解多少呢？

快来一起学习一下吧。

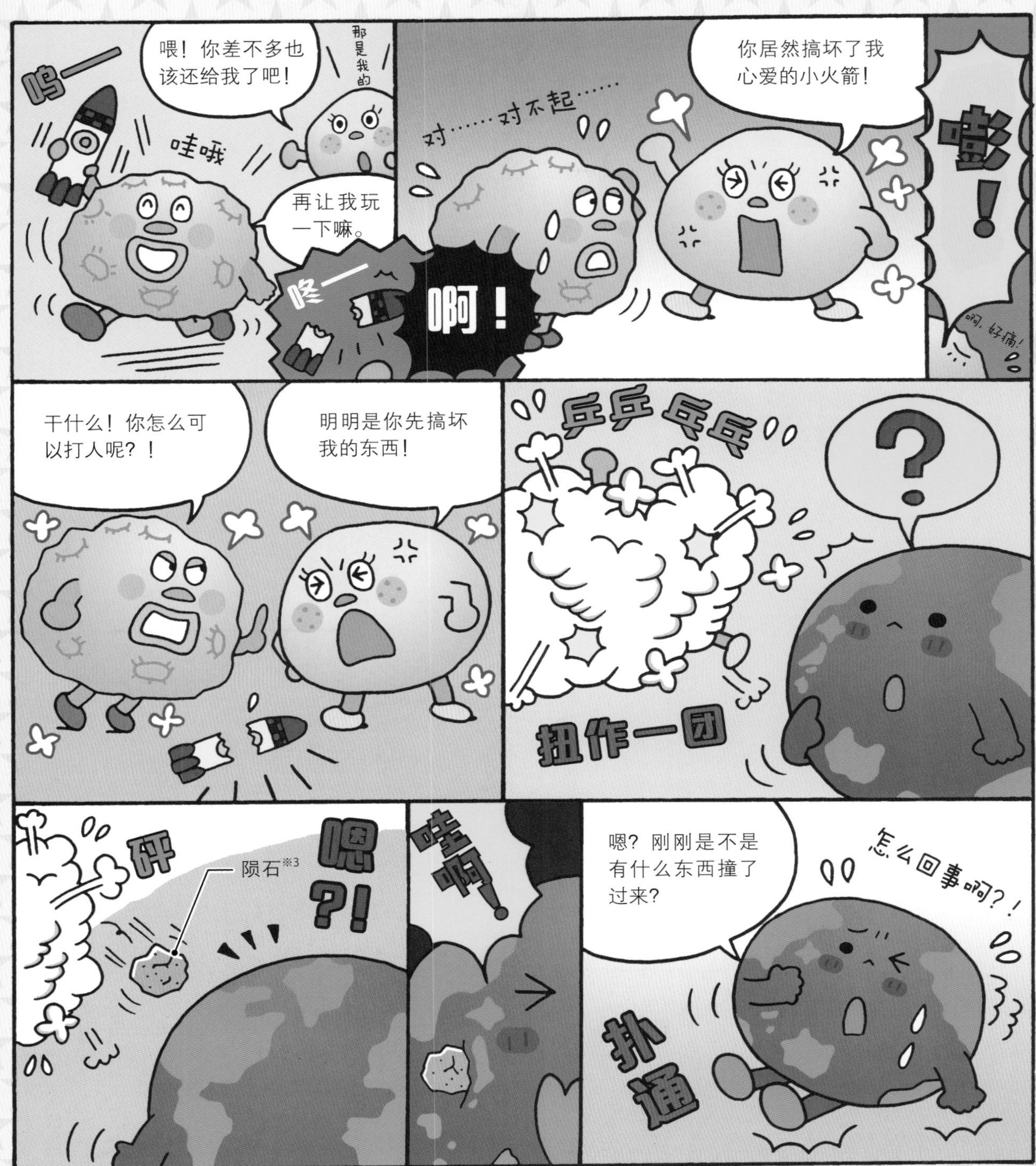

※ 3　陨石：原本在宇宙中飘浮的岩石等脱离原有运行轨道落到地球表面后尚未燃尽的残骸。

啊啊啊——
和小行星相撞之后产生的陨石宝宝掉到地球上了。
啪嗒
呜——
好痛啊
咦，这是哪儿呀？
东张西望
这是我们家的院子。
院子？
小狗……活物？
讨厌，被吵醒了。
啊，那是只有地球上才会有的植物！
我该不会掉到地球上来了吧？！
奇怪的家伙。
你在东张西望什么呀？
对啦，我想起来我之前也来过一次地球的！
喂，你是谁啊？

我叫陨石，
是来地球上做调查的。
哦吼
那你叫什么名字呀？
我叫奇诺。
既然我们这么有缘分，不如你带我逛逛地球吧。
好嘛！
欸，怎么这么突然？
拜托你啦！
嗯，是什么调查呢？
话说，现在这里可真暗呀。
远处什么也看不见呢。
因为现在是晚上呀，等到早上太阳出来就亮了。
早上？
快看啊，太阳每天都从那里爬上来。
就是那里！
太阳？
是太阳老师吗？
嘿！
嘿哟嘿哟
爬上来是什么意思呢？

为什么地球上会出现昼夜交替

啊，天亮了！

嗯，终于到早上了呢。

很快就能见到太阳了。

因为太阳每天都是从东边升起的。

你不知道吗？

奇诺，你为什么会知道太阳从哪里升起呢？

每一天，太阳都从东边升起，升至南边的天空，最后在西边落下。
这就是太阳一天的轨迹变化。

哇！原来太阳一整天都在变换位置。

东

南

西

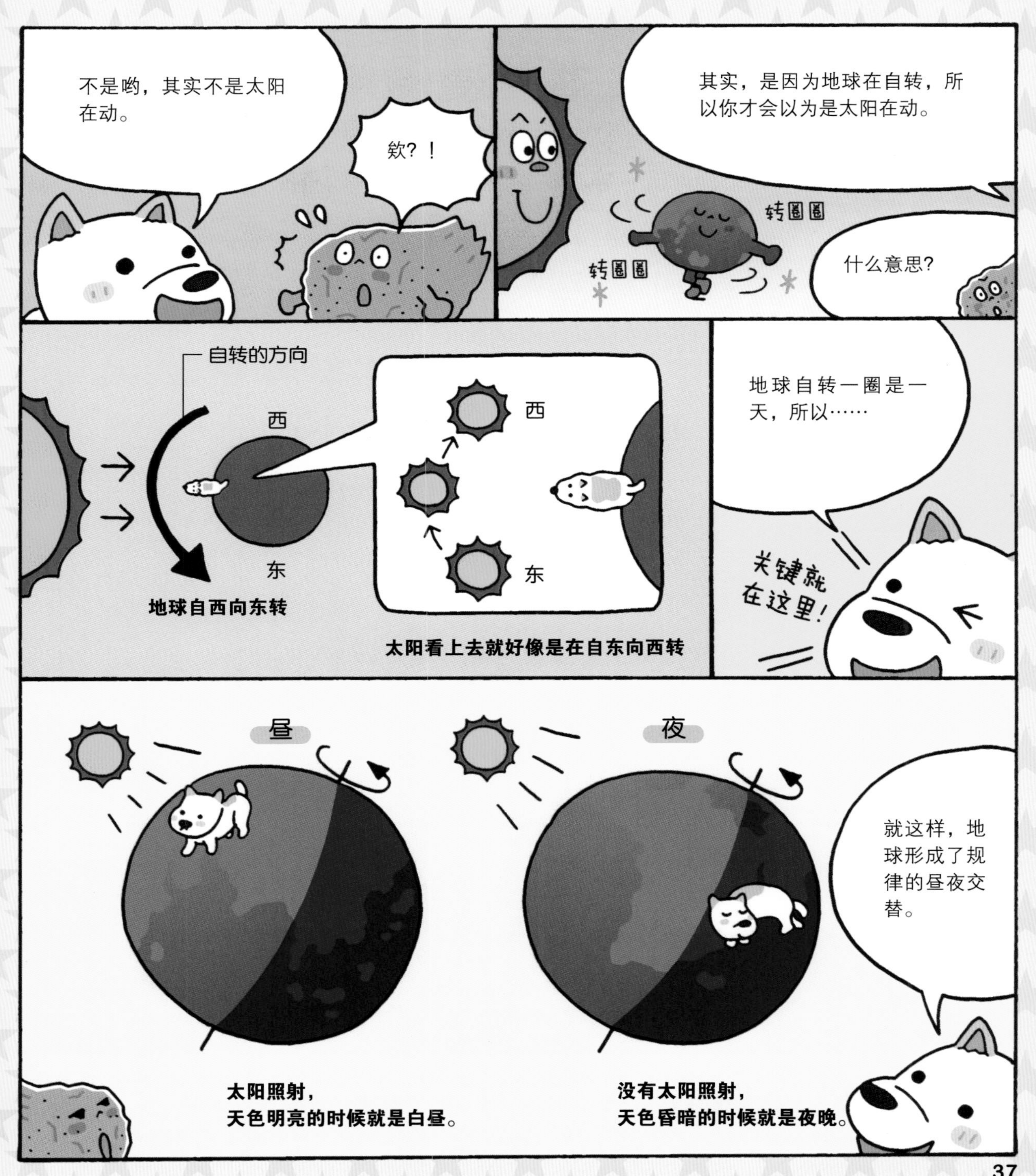
不是哟，其实不是太阳在动。
欸？！
其实，是因为地球在自转，所以你才会以为是太阳在动。
转圈圈
转圈圈
什么意思？
自转的方向
西
东
地球自西向东转
西
东
太阳看上去就好像是在自东向西转
地球自转一圈是一天，所以……
关键就在这里！
昼
夜
就这样，地球形成了规律的昼夜交替。
太阳照射，
天色明亮的时候就是白昼。
没有太阳照射，
天色昏暗的时候就是夜晚。

太阳的轨迹每个季节都不同

我才知道原来地球自转会带来这样的变化呢！

啊，但是……

公转好像和地球没什么关系呀？

哎哟，你还知道公转呢。

我怎么会不知道公转！

可别小瞧我！

哎呀，别生气，

公转和地球当然也有很大的关系。

哦？真的吗？！

是呀，那可就不是一天的变化那么简单了。

是很大规模的影响。

呵呵一笑

地球究竟会有什么变化？

咕咚吞口水

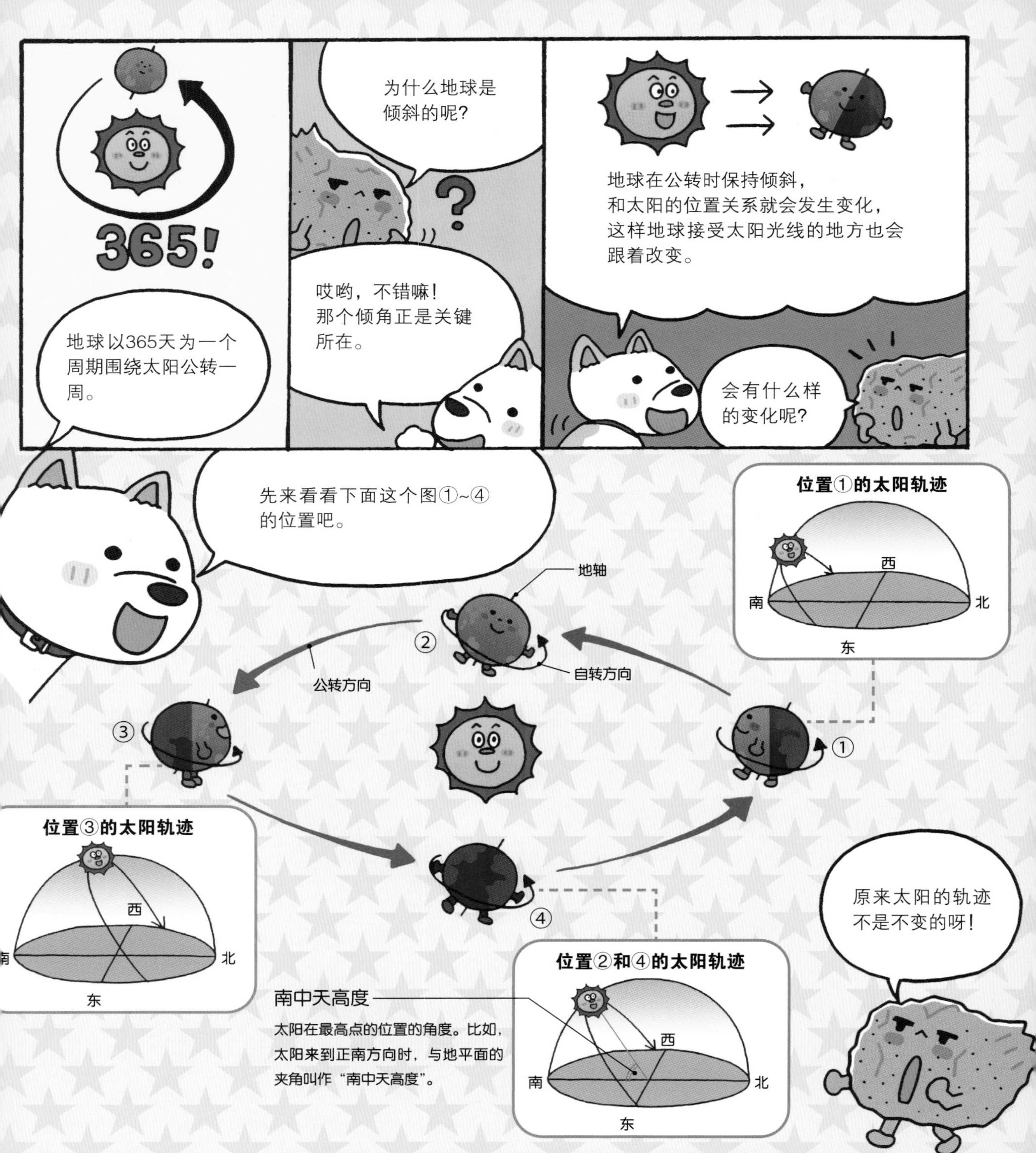

365!
地球以365天为一个周期围绕太阳公转一周。
为什么地球是倾斜的呢?
哎哟，不错嘛！那个倾角正是关键所在。
地球在公转时保持倾斜，和太阳的位置关系就会发生变化，这样地球接受太阳光线的地方也会跟着改变。
会有什么样的变化呢?
先来看看下面这个图①~④的位置吧。
位置①的太阳轨迹
西
南
北
东
地轴
②
自转方向
公转方向
③
①
位置③的太阳轨迹
西
北
东
④
原来太阳的轨迹不是不变的呀！
位置②和④的太阳轨迹
南中天高度
太阳在最高点的位置的角度。比如，太阳来到正南方向时，与地平面的夹角叫作“南中天高度”。
西
南
北
东

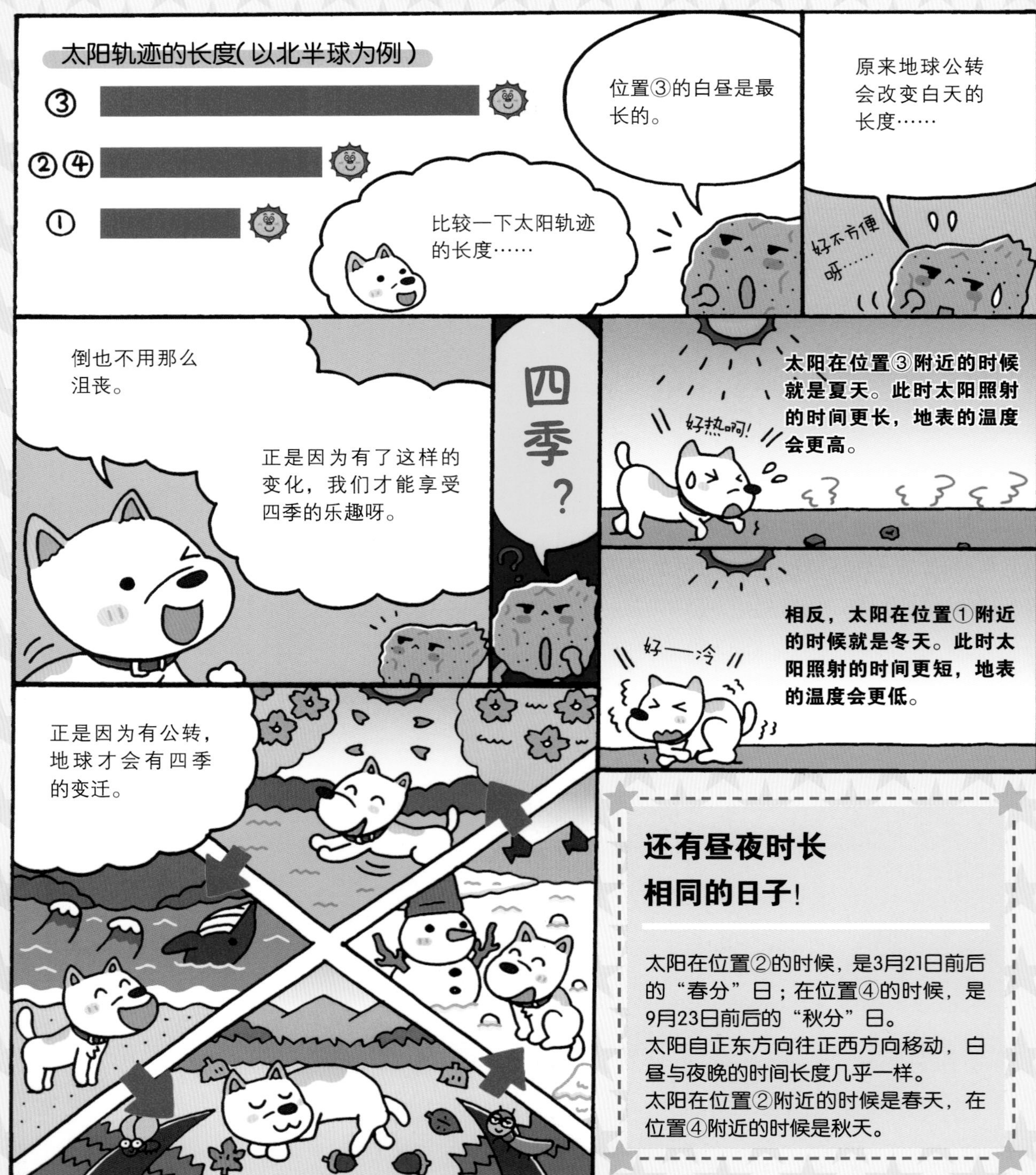

太阳轨迹的长度(以北半球为例)
③
②④
①
位置③的白昼是最长的。
比较一下太阳轨迹的长度……
原来地球公转会改变白天的长度……
好不方便呀……
倒也不用那么沮丧。
正是因为有了这样的变化，我们才能享受四季的乐趣呀。
四季？
太阳在位置③附近的时候就是夏天。此时太阳照射的时间更长，地表的温度会更高。
好热啊!
相反，太阳在位置①附近的时候就是冬天。此时太阳照射的时间更短，地表的温度会更低。
好—冷
正是因为有公转，地球才会有四季的变迁。
还有昼夜时长相同的日子!
太阳在位置②的时候，是3月21日前后的“春分”日；在位置④的时候，是9月23日前后的“秋分”日。
太阳自正东方向往正西方向移动，白昼与夜晚的时间长度几乎一样。
太阳在位置②附近的时候是春天，在位置④附近的时候是秋天。

一年之中昼最长的是6月22日前后的“夏至”日，夜最长的是12月22日前后的“冬至”日。

月亮的形状每天都不同

太阳就快下山了……

咦，那儿挂着的会发光的是什么东西呀?

啊，那是蛾眉月。

蛾眉月……月亮？！
不可能！月亮不是圆的吗！

月亮姐姐是圆的呀!

哈哈哈，月亮确实是圆的。

不可能吧！

但是我们看到的月亮是每天都会有变化的。

才不是这样的!

因为月亮自身不能发光，所以光没有照到的部分就隐藏在阴影中了。

光

你看，就像这样，光从这边照的时候，你只能看到我的半张脸对不对?

咔嗒打开

真……真的。

好可怕

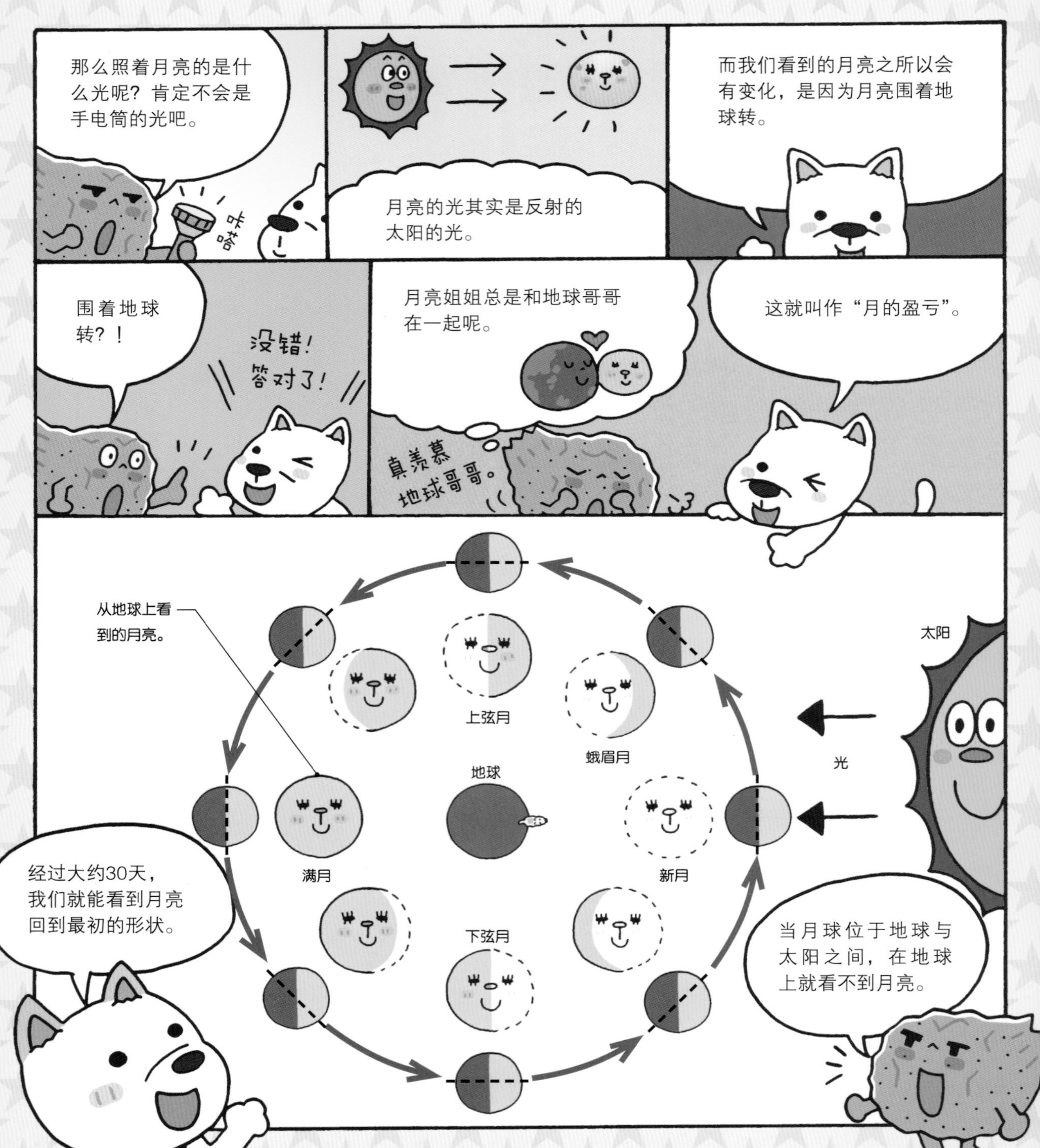

那么照着月亮的是什么光呢？肯定不会是手电筒的光吧。
咔嗒
月亮的光其实是反射的太阳的光。
而我们看到的月亮之所以会有变化，是因为月亮围着地球转。
围着地球转？！
没错！答对了！
月亮姐姐总是和地球哥哥在一起呢。
真羡慕地球哥哥。
这就叫作“月的盈亏”。
从地球上看到的月亮。
太阳
光
上弦月
蛾眉月
地球
满月
新月
下弦月
经过大约30天，我们就能看到月亮回到最初的形状。
当月球位于地球与太阳之间，在地球上就看不到月亮。

原来不只是夜晚才见得到月亮

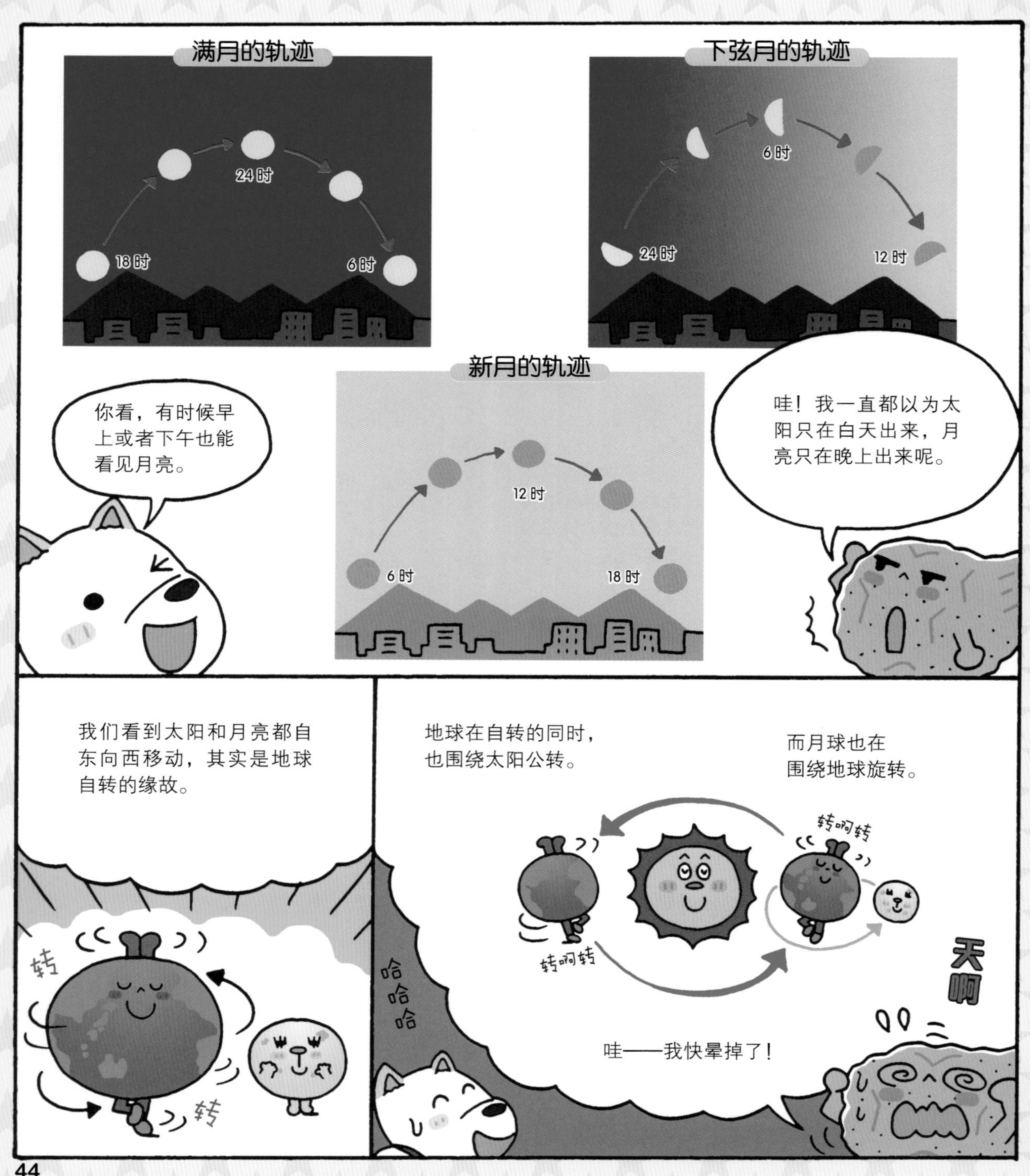
满月的轨迹
18时
24时
6时
下弦月的轨迹
24时
6时
12时
新月的轨迹
6时
12时
18时
你看，有时候早上或者下午也能看见月亮。
哇！我一直都以为太阳只在白天出来，月亮只在晚上出来呢。
我们看到太阳和月亮都自东向西移动，其实是地球自转的缘故。
转
转
地球在自转的同时，也围绕太阳公转。
而月球也在围绕地球旋转。
转啊转
转啊转
哈哈哈
天啊
哇——我快晕掉了！

看不到月球的背面

月球是距离地球最近的星球，但是我们在地球上永远只能看见月球的同一面。你知道这是为什么吗?

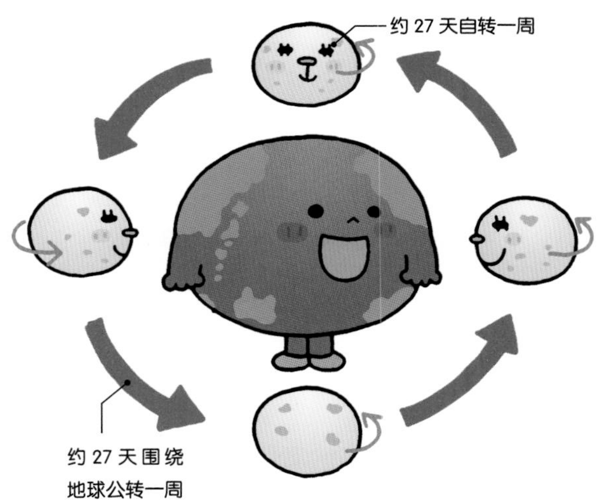

月球围绕地球公转的周期约为27天

月球围绕地球公转，但是我们在地球上只能看见月球的同一面。原因如左图所示，月球在环绕地球一周的同时，刚好也会自转一周。因为月球公转和自转的时间是一样的，所以我们在地球上永远只能看见月球的同一面。

原来世界各地看到的月亮表面都不一样!

观察月亮时，看到的大面积阴暗区，叫作“月海”，是月球上比较低洼的平原。在世界各地，由于角度不同，所以从这些阴影“识别”出的图案也各式各样。

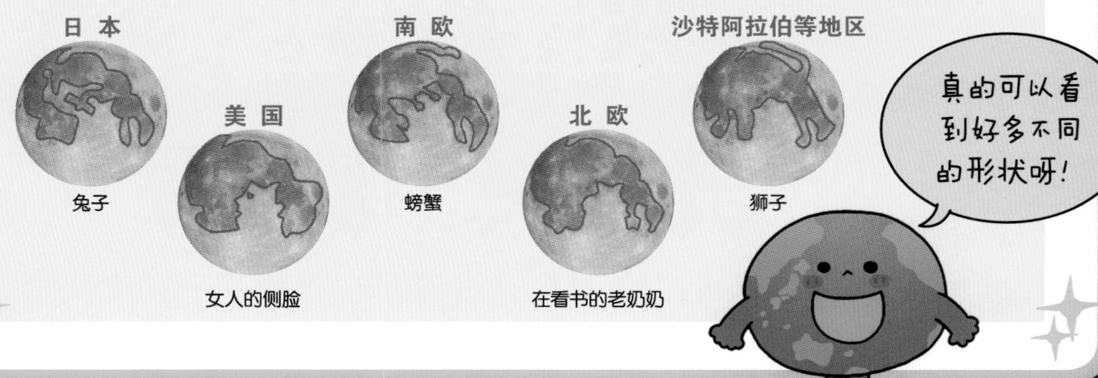

夜空中闪耀的星星都是有名字的哦。

接下来，闪亮的星星们即将登场！

快试试看能不能在天空中发现这些星星和星座的身影吧。

夜晚可以见得到这么多星星呀！
感觉就像是在宇宙里一样。
好怀念呀，不知道太阳系年级里的小伙伴们怎么样了呢？
哈，这话说得真像是从宇宙来的。
我都说了！！
我就是从宇宙来的！
我以为你就是个小石头而已。
啊，有了！
真没礼貌……
气鼓鼓
我们可以用这个。
看得可清楚了
望远镜
哇，真的好清楚啊！
哟吼
啊！
我看到了北极星！
你刚刚说了北极星？你认识？
嗯，奇诺，你不也知道嘛。
居然认识
当然！北极星可是北半球天空的中心呢！
啊啊啊
有那么厉害吗？
北极星……

北半球天空的中心——北极星

北极星是唯一在正北方向几乎不会移动的星星。
那边是北！
无论什么时候看到北极星，它都会在同一个地方，所以以前的人们也会用它来确定方位。
有一次多亏了北极星我才得救了……
我小时候有一次迷路了，还好看到了北极星才找到了回家的路……
呜呜呜…
那真的不是碰巧吗？
除了北极星之外，真的没有其他不动的星星吗？
真的吗？
没了！
太阳和月亮每天都是在动的。
嗯，是因为地球在自转。
没错，所以星星们看起来也是会动的。但是只有北极星不一样。
为什么呢？
因为北极星刚好位于地球自转轴的一端。
北极星
地球

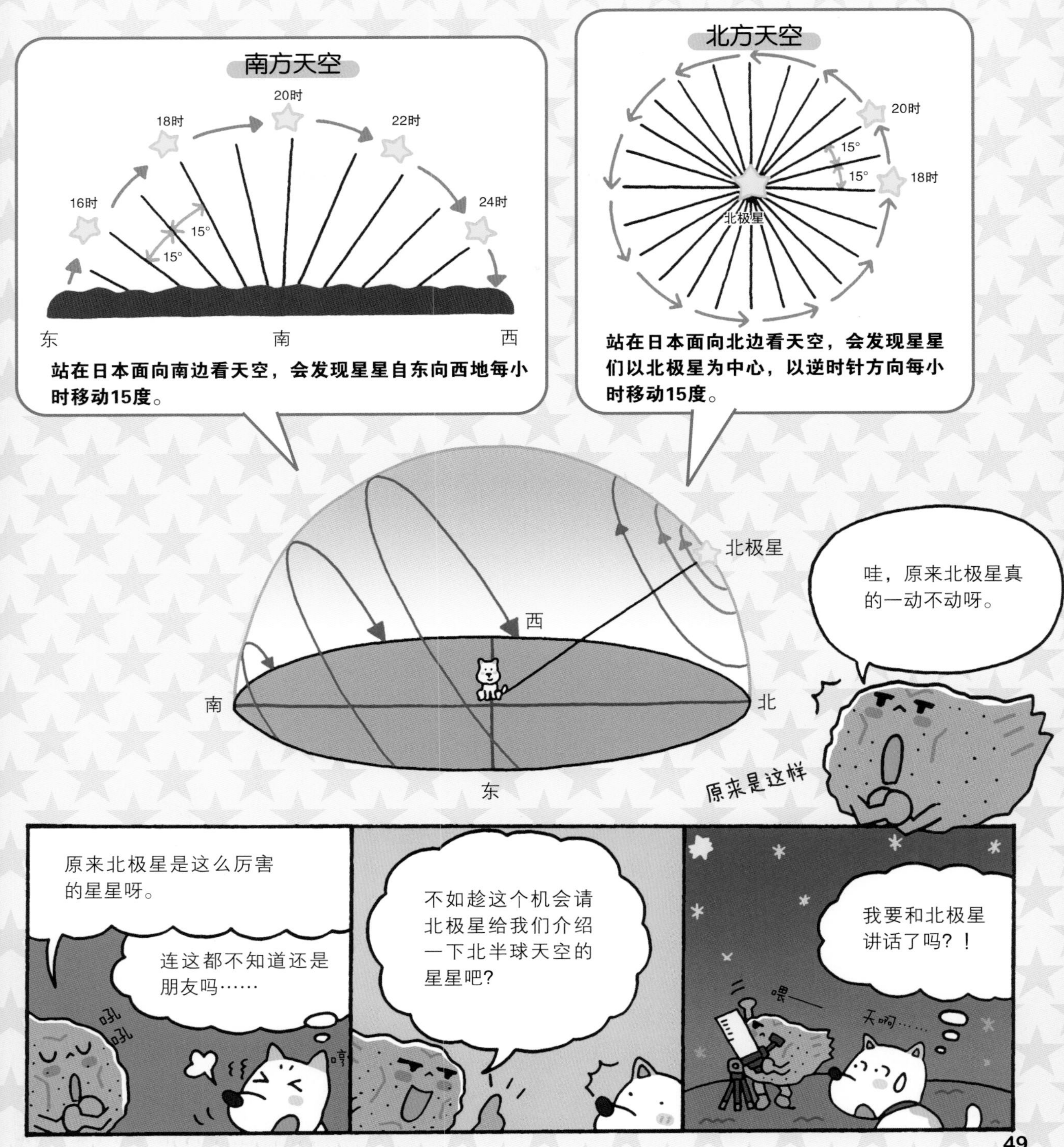

南方天空
20时
18时
22时
16时
24时
15°
15°
东
南
西
站在日本面向南边看天空，会发现星星自东向西地每小时移动15度。
北方天空
20时
15°
15°
18时
北极星
站在日本面向北边看天空，会发现星星们以北极星为中心，以逆时针方向每小时移动15度。
北极星
西
南
北
东
哇，原来北极星真的一动不动呀。
原来是这样
原来北极星是这么厉害的星星呀。
连这都不知道还是朋友吗……
不如趁这个机会请北极星给我们介绍一下北半球天空的星星吧?
我要和北极星讲话了吗?！
喂
天啊……

在北半球高纬度地区，一年四季都看得见的星座

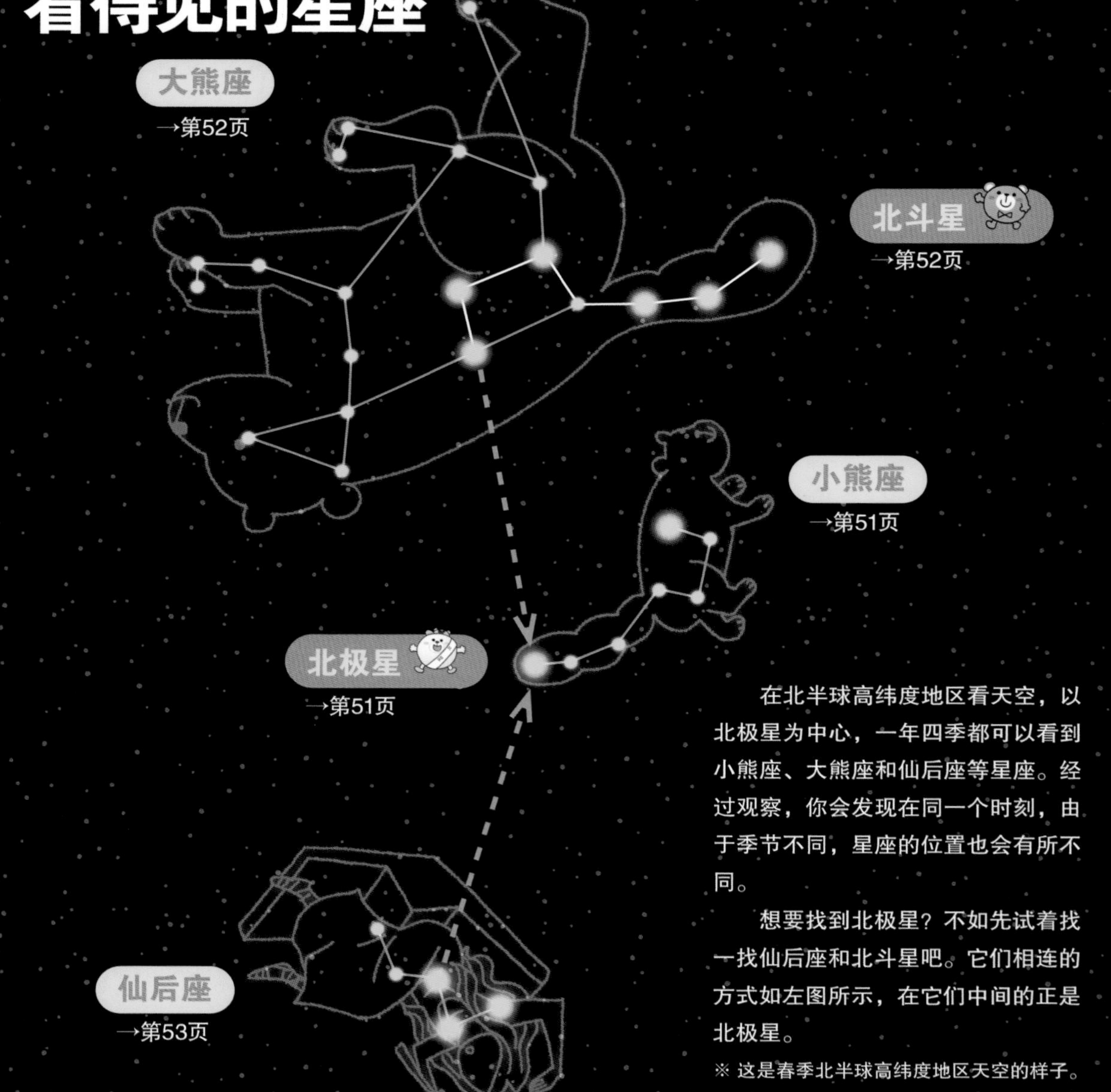

在北半球高纬度地区看天空，以北极星为中心，一年四季都可以看到小熊座、大熊座和仙后座等星座。经过观察，你会发现在同一个时刻，由于季节不同，星座的位置也会有所不同。

想要找到北极星？不如先试着找一找仙后座和北斗星吧。它们相连的方式如左图所示，在它们中间的正是北极星。

※ 这是春季北半球高纬度地区天空的样子。

我是在正北方向
的2等星。
北
极
星

北极星

北极星位于小熊座的尾部，是一颗闪亮的 2 等星。一年之中都挂在正北方向的天空上，所以被叫作“北极星”。在南半球看不到北极星。

小熊座

由七颗星星相连组成，和北斗星（第 52 页）相似，小熊座的尾巴也可被视为勺的手柄，因此它又被称为“小北斗”。

小熊座和大熊座的神话

啊！我的
儿子！
!!

变成了熊的母子俩

大熊座的大熊，原本是一名叫作卡力斯托的美丽少女。她负责侍奉月神兼狩猎女神阿尔忒弥斯。有一天，她遇到了众神之父宙斯。宙斯爱上了她，并使她怀孕了。卡力斯托生下了一个可爱的小男孩，而宙斯的妻子赫拉却妒火中烧，施展法术将她变成了一头熊。卡力斯托无奈只能离开自己的孩子，独自生活在森林深处。

15 年后，卡力斯托的孩子已经长成了一名高大英俊的猎人。他在森林深处狩猎时，遇见了已经变成熊的母亲。卡力斯托心中十分激动，不由自主地想要靠近儿子。而她那一无所知的猎人儿子，正准备举起弓箭对准大熊。不忍心看到这一幕的宙斯就把儿子变成了小熊，把母子俩提升到天界，于是便有了大熊星座和小熊星座。

星座笔记

北极星的英文名是“Polaris”。受太阳以及月球的引力影响，地轴会逐渐发生位移，即“地轴倾斜”现象。北极星也会随之发生偏移，不过，这通常是数千年才会发生的现象。

北斗星

从大熊座的腰到尾巴尖的七颗星星串联起来，就好像一个勺子，所以被叫作“北斗星”。

大熊座

大熊座是著名的北斗星所在的大星座。大熊座的尾巴很长，据说是因为被宙斯拉拽着尾巴扯上天界所导致的。

星座笔记

古代的人们就已经对北斗星非常熟悉了，他们把北斗星比作各种各样的物品，比如，在古埃及是神明乘坐的车，在英国是马车，在泰国则是农具锄头。

仙后座 稍微横向伸展的“W”形态，据说是古代埃塞俄比亚王后的化身。从不同的角度可以看到不同的形状哦。

仙后座的神话

喜欢炫耀的王后

埃塞俄比亚王后卡西奥佩娅有一个女儿，名叫安德罗墨达，王后对自己女儿的美貌感到非常骄傲。

有一天，王后夸赞自己的女儿：“海神波塞冬 50 个孙女都没有我的女儿那么美呢。”海神波塞冬听了这话勃然大怒，于是施展法术，让一头巨鲸游向埃塞俄比亚的海岸。巨鲸四处作乱，人们都对它束手无策，只好求助神明。神明说道：“想要巨鲸消失，必须要将安德罗墨达献出去。”

后来，虽然安德罗墨达因英雄珀尔修斯而得救，但是海神波塞冬的怒火并未得到平息。最后，王后被绑在椅子上升至天界，必须接受永远围绕北极星旋转的宿命。

星座笔记

仙后座的最佳观察期是北半球的秋季。在秋天的夜里，你可以看到仙后座高悬于北边的天空之上，两边分别是她的丈夫“仙王座”以及她的女儿“仙女座”。

星空会因为季节变化而不同

哇！可以和北极星说“谢谢”真的太开心！
太感谢你了！
这可是我的救命恩人啊。
哈哈，开心吧！

我来介绍一下。
你们好！
北极星
仙后座
北斗星

因为在日本一年四季都能看到这些星星，所以我不是第一次和它们说话哟。

欸，难道有些星星不是一年四季都可以看见的吗？

在同一个时刻站在日本向南边看天空，会发现星星每天都会自东向西移动1度左右的距离，所以一年之中只有5 ~ 6个月能见到它们。

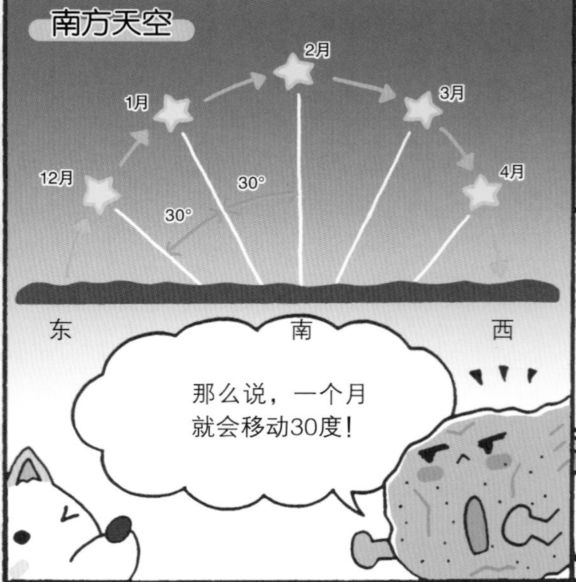

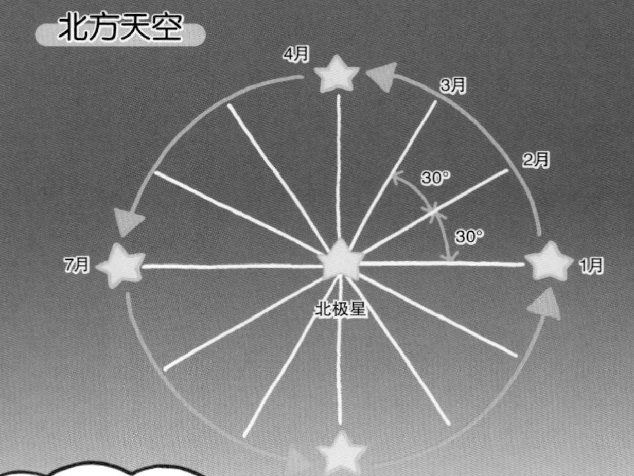

站在日本向北边看天空，会发现星星就像这样每个月移动30度，一年刚好就转了一圈。

真的，所以我们才可以一年到头都见到它们！

那南边天空的星星不见了吗？它们去哪里了？
不用担心！一年后我们又可以在相同的地方见到它们。
要花一年时间那么久啊……
唉
这和地球的公转有关系！
你看这儿！
公转方向
呀！
你们好呀！
狮子座
室女座
春季星座
→第56页
大犬座
猎户座
冬季星座
→第70页
天鹅座
天琴座
天鹰座
夏季星座
→第60页
喂
哟吼！
飞马座
秋季星座
→第66页
原来是这样啊！虽然星星们是不会离开的，但是地球在旋转，转一圈就能见到好多星星了呢。
没错！所以南边的天空特别迷人！
好期待~
接下来的一年会见到什么样的星星呢？好期待呀！

春季代表星座有“狮子座”“室女座”“牧夫座”。其中最引人注目的就是“春季大三角”：由狮子座的五帝座一、室女座的角宿一及牧夫座的大角星共同构成。

北斗星的勺柄弯弯地指向南边，经过牧夫座的大角星，到达室女座的角宿一，这就形成了“春季大曲线”。

春季大曲线

牧夫座
→第59页

大角星
→第59页

狮子座的大镰刀

狮子座
→第58页

五帝座一
→第58页

春季大三角

轩辕十四
→第58页

室女座
→第57页

角宿一
→第57页

角宿一

角宿一属于室女座，是谷物女神手持的麦穗尖上闪耀的星星，是“春季大三角”中的一角。

室女座

春季横跨天空的巨大星座，除了角宿一之外的星星都不是特别亮，所以找起来有点困难。

室女座的神话

女儿被掳走的谷物女神

化身为室女座的是谷物女神得墨忒耳，她掌管着大地上的花、蔬菜、水果等一切农作物。她有一个可爱的女儿，名叫珀耳塞福涅。突然有一天，她的女儿被冥王掳走了。得墨忒耳去失了心爱的女儿，痛苦万分，便绝望地隐居到山洞中去。从此，大地草木枯萎，一片荒凉。

伤脑筋的宙斯看到这种情形，便命令冥王放了珀耳塞福涅。珀耳塞福涅又回到了地上，但不幸的是她中了冥王的诡计，临行前吃了四颗石榴籽，一年中不得不有四个月留在冥府。

当珀耳塞福涅回到冥府时，得墨忒耳就陷入忧伤，于是大地萧瑟。

星座笔记

也有神话说室女座是正义女神狄刻的化身。狄刻是手持天秤分辨善恶的正义女神，她手上的天秤后来化身为“天秤座”。

虽然我是2等星，但是我也很抢眼！

我是白色的1等星！

狮子座

狮子座的狮子头由六颗星星组成，它们就像一个反过来的“？”。因为看上去就像是“镰刀”，所以也被叫作“狮子座的大镰刀”。

五帝座一

五帝座一也是“春季大三角”中的一角。

轩辕十四

轩辕十四正好处在狮子座心脏的位置。

森林中吃人的狮子

古希腊的森林中住着一只吃人的巨狮。有一天，坏心眼的国王想试一试英雄赫拉克勒斯的胆量，于是命令他去杀死巨狮。

丝毫不怕的赫拉克勒斯欲射箭攻击，但因狮皮太硬而失败，用剑砍剑也弯掉了。赫拉克勒斯发现：“对付这样的怪物就得使蛮力！”于是，他用尽全身力气绞住巨狮的脖子，狮子无法呼吸，一命呜呼。赫拉克勒斯为了纪念自己的胜利，把狮子的皮剥了下来，扛着回到了国王面前。听闻赫拉克勒斯的壮举，国王大惊失色，因为过于恐惧以至于再也不敢和赫拉克勒斯见面了。

每年的 11 月前后就会有“狮子座流星雨”的消息。其实，不是流星从狮子座中飞出来，而是流星进入地球大气的方向与狮子座方向重合。每隔数年就会出现这样一个小时之内划过数十颗流星的现象。

大角星

大角星位于牧夫座的膝盖处，也是“春季大三角”中的一角。

牧夫座

牧夫座的星星们排列得就像一条领带一样。牧夫正高高地举着左手。

牧夫座的神话

我想要金子做的苹果。

擎天巨神

传说，化身为牧夫座的是巨人阿特拉斯。阿特拉斯被罚用双肩支撑苍天，突然有一天，赫拉克勒斯来到他的面前。坏心眼的国王欧律斯透斯命令赫拉克勒斯必须找到金苹果。赫拉克勒斯一筹莫展，听说阿特拉斯知道哪里有金苹果，于是对他说：“我来帮你顶天吧，你去把苹果找来，好吗？”一时得到解放的阿特拉斯十分高兴，他提议摘得金苹果后直接交给国王。然而，阿特拉斯摘完金苹果后却不愿再从赫拉克勒斯的肩上把天接过来，赫拉克勒斯实在支撑不住了，于是骗阿特拉斯说：“我先去拿个肩垫，你帮我顶一会儿吧。”但是，赫拉克勒斯再也没回来了。

大角星一般会出现在收割麦子的黄昏时分，在日本也被叫作“麦星”。

夏季能见到的星座

夏季代表星座有“天鹅座”“天鹰座”“天琴座”“天蝎座”。其中，天鹅座的天津四、天鹰座的牛郎星、天琴座的织女星共同构成了“夏季大三角”，银河从三角形的中央穿过，横贯南北。

夏季是一年中可以最清楚地观察到银河的季节。七夕传说里的牛郎与织女，正是夏季大三角里天鹰座中的“牛郎星”和天琴座中的“织女星”。

天津四

“天津四”在天鹅的尾巴处闪闪发光。“天津四”是一颗重量相当于太阳 20 倍的“超巨星”，是“夏季大三角”中的一角。

天鹅座

每年夏秋季节，天鹅座升上中天，高悬于头顶。天鹅座的星星的排列就像一个大十字架，十字架那长长的一竖就是天鹅伸向银河的脖颈，一横为天鹅展开的双翼。

天鹅座的神话

一只爱上王后的天鹅

多情的众神之父宙斯爱上了古希腊斯巴达王国的王后勒达。为了接近勒达，宙斯找到爱神一起商量对策。

两人想出的招数是，宙斯将自己变成天鹅，并让爱神变成一只雕追捕自己，以博取勒达的同情。

他们的诡计实现了，最后假天鹅扑进了勒达的怀里，勒达非常善良地保护了它。谁知天鹅飞走之后，勒达产下了两枚蛋。其中一枚蛋化为了双子座兄弟卡斯托尔和波吕克斯。后文就留到双子座（第 74 页）的部分再继续讲吧。

星座笔记

天鹅座，由于排列形状像十字架，所以也被称为“北十字”。位于天鹅头部的星星叫作“辇道增七”，也称为"鸟嘴星"。

牛郎星

牛郎星，又名河鼓二。天鹰座就像一只在夜空中展翅翱翔的鹰，牛郎星就在鹰的心脏位置。牛郎星是“夏季大三角”的一角。

天鹰座

天鹰座和天鹅座一样是十字架的形状，看起来就像一只要从银河东岸飞往远方的鹰。在牛郎星的两侧还有两颗小一些的星星。

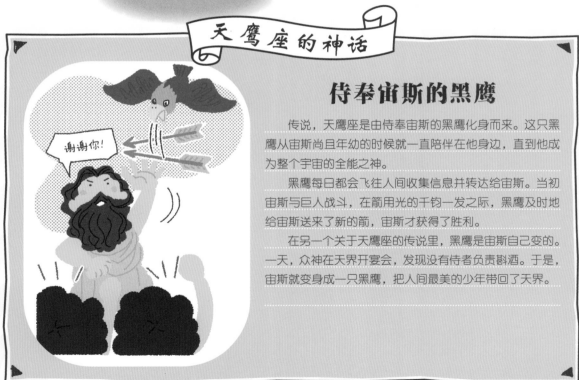

天鹰座的神话

谢谢你！

侍奉宙斯的黑鹰

传说，天鹰座是由侍奉宙斯的黑鹰化身而来。这只黑鹰从宙斯尚且年幼的时候就一直陪伴在他身边，直到他成为整个宇宙的全能之神。

黑鹰每日都会飞往人间收集信息并转达给宙斯。当初宙斯与巨人战斗，在箭用光的千钧一发之际，黑鹰及时地给宙斯送来了新的箭，宙斯才获得了胜利。

在另一个关于天鹰座的传说里，黑鹰是宙斯自己变的。一天，众神在天界开宴会，发现没有侍者负责斟酒。于是，宙斯就变身成一只黑鹰，把人间最美的少年带回了天界。

星座笔记

牛郎星的英文名为“Altair”，是阿拉伯语中“飞翔的鹰”的缩写。牛郎星及其两侧的星星看起来就像是鹰张开的翅膀一样。

织女星

织女星是“夏季大三角”中最明亮的一颗星星。

天琴座

天琴座位于夏季天空中的正上方，与天鹰座隔着银河相望。将织女星一侧的四颗星星连接起来，可以看到一个小四边形。

天琴座的神话

为亡妻而弹的琴

音乐家俄耳甫斯听闻妻子被毒蛇咬死的噩耗，无法抒发心中的悲痛，便用竖琴弹奏一曲。那琴声感动了冥界众人，使得俄耳甫斯获得了去冥界将妻子带回人间的机会。

但是，冥王提出了一个条件：在他领着妻子走出地府之前绝不能回头看她，否则他的妻子将永远不能回到人间。可惜的是，在他们即将离开冥界的时候，俄耳甫斯听到妻子的埋怨，忘记了冥王的要求，他回头想要拥抱妻子，但是妻子瞬间就消失了。在那之后，不管俄耳甫斯弹了多少遍琴，再怎么苦苦哀求，也无法再去到冥界了。

伤心欲绝的俄耳甫斯弹着琴死去了，宙斯同情他的遭遇，便把他的竖琴高高挂在空中，点缀苍莽的天穹，这便是天琴座的来历。

星座笔记

牛郎星与织女星之间的距离是 15 光年，这意味着即使某一方在一秒钟之内前进 30 万千米，也要花费 15 年才能和对方相遇。

横贯在南方天空的大星座。天蝎座以心宿二为中心，明亮的星星们排列成 S 形，就像是蝎子的尾巴一样。

心宿二

心宿二是一颗红色的 1 等星，比太阳还要大 720 倍。心宿二恰好位于蝎子的胸部，因此被称为“天蝎之心”。

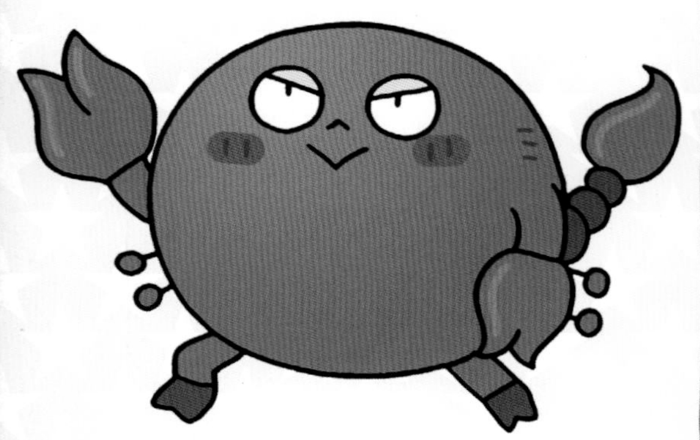

让猎人闻风丧胆的蝎子

天蝎座和猎户座分别是夏季和冬季最显著的星座，不可能同时出现在天空上。当天蝎座从东方天空升起时，猎户座就像要逃跑一样，从西边落下。于是，就有了猎人害怕蝎子的传说。

时常夸耀自己力气大的猎人俄里翁是个没规矩的粗人，众神都不喜欢他。有一天，俄里翁向女神赫拉请求升级身份，赫拉再也忍耐不住了，派出大蝎子去教训俄里翁。被蝎子的大毒针蜇了的俄里翁很快就死去了。之后化身星座的俄里翁和大蝎子也就成了仇家，即使到了天上，猎人也依然对蝎子退避三舍。

星座笔记 心宿二的英文名“Antares”，意思是“火星的敌手”。当火星运行到心宿二附近时，两颗红色星星在天空闪耀，就好像在比试谁更红更亮一样。

银河的真面目是什么样的

银河，夜空中朦胧的白色光带，它的真面目究竟是什么样的呢?

银河在银河系中的位置

地球所在的太阳系汇集众多星星，是银河系中的一个天体系统。银河系中汇聚了超过2000 亿颗星星，越靠近中心的位置星星分布越密集。从上面看银河系就像一个大圆盘。而从地球的角度远眺银河系，看到的是一条发光的银色河流。这便是银河的真实面貌。

为什么银河看上去是带状的?

太阳系位于银河系的盘面上，从太阳系只能看到银河系周围盘面的截面，就像是一道圆环。

尤其是在夏季的夜空中，地球运转到太阳向着银河系中心的一面，此时银河看上去就更加像一条发光的银色河流了。

从侧面观察银河系

太阳系在这里
银河系的中心
银河的别名有"天河""银汉"等。

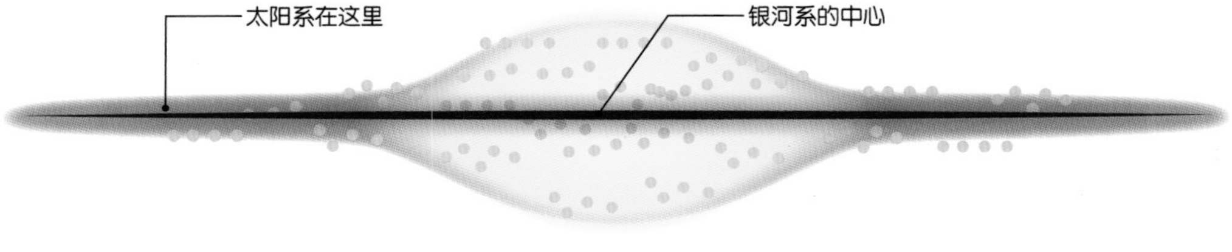

秋季能见到的星座

秋季没有特别明亮的星星，想要找到星座可不容易。在这之中相对比较亮眼的是由飞马座的三颗星星与仙女座的壁宿二共同构成的“飞马 – 仙女大四边形”，也被称为“秋季四边形”。

飞马座

“飞马－仙女大四边形”恰好在马的身体上，其中的三颗星星都是飞马座的 2 等星。

飞马座的神话

和英雄一起战斗的飞马

珀伽索斯是一匹从岩石中诞生的飞马，它雪白的身体上长着银色的羽翼。在英雄珀尔修斯收服女妖美杜莎时，美杜莎的血流到了岩石上，珀伽索斯就是从那儿突然跳出来的。

飞马驮着珀尔修斯，去往埃塞俄比亚，在那里他们一起收服了怪物巨鲸，救出了公主安德罗墨达（第 68 页）。

后来，一名叫作柏勒洛丰的年轻人捕获了飞马，并战胜了怪兽奇美拉——那是一种狮头、羊身、蛇尾的喷火怪兽。即便是这么可怕的怪兽，也抵挡不住柏勒洛丰骑在飞马背上射出的箭，怪兽很快就一命呜呼了。

位于飞马鼻尖处的球状星团 M15，形成于距今约 120 亿年前。

壁宿二

壁宿二是构成“飞马－仙女大四边形”的星星之一，同时也是位于仙女座头部的星星。据说，从前的壁宿二是属于飞马座的呢。

仙女座

仙女座腿部的星星呈 V 字排列。在 V 字顶端，有时可以看到“仙女座大星系 M31”。

仙女座的神话

被献祭的公主

安德罗墨达是埃塞俄比亚王后卡西奥佩娅的女儿，在前文第 53 页讲到了王后自恃自己女儿美貌过人而惹怒了海神波塞冬，最后必须献祭女儿才能挽救国家的故事。

可怜的安德罗墨达被链条拴在海石上，一个人害怕地瑟瑟发抖。当巨鲸向她袭来时，英雄珀尔修斯骑着飞马从天而降，把巨鲸变成了石头，救出了公主。

后来，珀尔修斯与安德罗墨达相爱了，他们结为夫妇，过上了幸福的生活。

仙女座的腰部是“仙女座大星系 M31”所在的位置，这是一个有着数千亿颗星星的超大型星系！仙女座大星系的质量可达银河系质量的 1.5 倍。

星星的亮度以及星星的颜色

每一颗星星的亮度和颜色都不一样。我们看到的星星的亮度，不仅受星星本身发光强度的影响，还会因为距离地球的远近而有所不同。

星星的亮度也有衡量的单位

星等是衡量星星明暗程度的单位。肉眼可见最暗的星星是 6 等星，最亮的是 1 等星。每一个等级之间，星星的亮度大约相差 2.5 倍。1 等星的亮度大约是 6 等星的 100 倍。

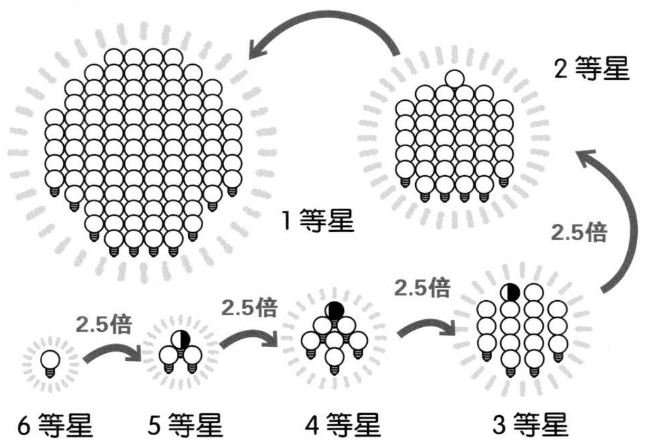

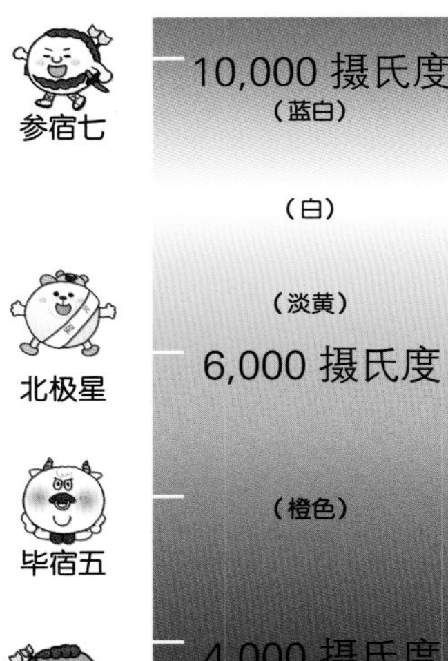

星星的颜色因温度而不同

星星颜色不同是星星表面温度不一样所导致的。温度较高的星星呈现出冷色，温度越高越接近蓝白色；温度较低的星星呈现出暖色，温度越低越接近红色。金黄色的太阳表面温度大约是 5500 摄氏度。

冬季能见到的星座

冬季里明亮的星星特别多，是一年之中星空最璀璨的季节。天狼星一年四季都闪耀在南方的天空上，散发着蓝白色的光芒。

大犬座的天狼星与猎户座的参宿四、小犬座的南河三共同构成了“冬季大三角”。再把视野放宽一点，你还会看到“冬季六边形”。

我是红色的
1等星。
我是蓝白色的
1等星。

猎户座

猎户座主体是一个大四边形，四边形中间间距几乎相同的三颗星星被叫作“腰带三星”。人们都说，猎户座是一年四季中最明亮的、形态最美的星座。

参宿（shēn xiù）四

参宿四的英文名为“Betelgeuse”，意为“巨人的腋下”，因为它在猎户座猎人腋下的位置。它也是“冬季大三角”中的一角。

参宿七

参宿七位于猎户座猎人的脚尖，是组成“冬季六边形”的星星之一，使用望远镜可以看到它的旁边还有两颗稍小的 2 等星。

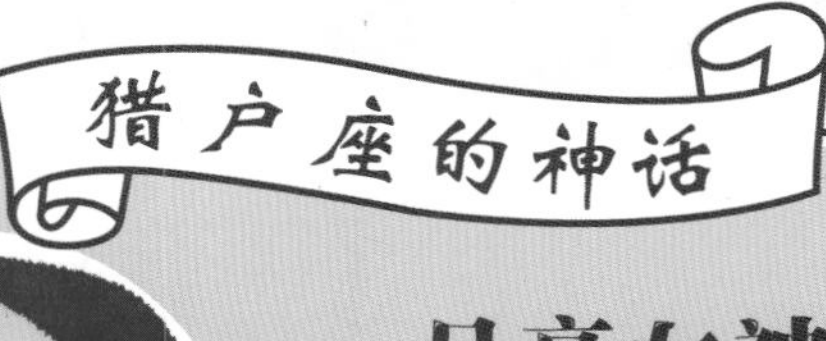

月亮女神钟爱的猎手

月亮女神兼狩猎女神阿尔忒弥斯爱上了著名的猎手俄里翁。但是，女神的双胞胎哥哥——太阳神阿波罗却并不看好这一段恋情。

有一天，阿波罗发现俄里翁正在海里行走，只有头部露出水面，于是对俄里翁的头施了一道强光，然后对阿尔忒弥斯说：“人们都说你箭法高明，但是那个光点你肯定射不中。”阿尔忒弥斯不以为然，一支利箭不偏不斜，正中那个点。

后来，她才知道那个光点是她爱的人。伤心欲绝的阿尔忒弥斯求助宙斯，祈求他将俄里翁提升为星座。从那之后，每当她作为月神升上天空时，就能看见在她身边的俄里翁了。

在日本各地，猎户座有着各式各样的名字。其中，“鼓星”这个名字更加为人熟知，因为猎户座的形状与日本乐器中的“桶太鼓”颇为相似。

南河三

南河三是“冬季大三角”的一角。与其他星星相比，由于南河三距离地球更近，所以会显得更加明亮。

小犬座

小犬座是一个小星座，只由南河三以及一颗 3 等星构成。

小犬座的神话

猎人牵着的猎犬

小犬座的小犬，原本是著名猎人阿克特翁 50 只猎犬中的一只小犬。

一天，阿克特翁牵着猎犬们去山里猎鹿，穿过树丛，无意中撞见了正在沐浴的月亮女神阿尔忒弥斯和她的女仆们。阿克特翁被阿尔忒弥斯的美貌深深迷住了，呆呆地站在那里。

猎犬们的叫声使得阿克特翁被发现了，阿尔忒弥斯感到羞耻的同时也非常愤怒，于是，她把阿克特翁变成了一只鹿。

猎犬们还不知道自己的主人变成了鹿，一拥而上把鹿撕碎了。

南河三的英文名为“Procyon”，意为“在犬的前面”，因为它总是在大犬座的天狼星之前升起。另外，银河纵贯于小犬座与大犬座之间。

天狼星

天狼星位于大犬座猎犬的嘴部，是“冬季大三角”的一角。天狼星散发着比刚好是 1 等星的星星亮 7 倍多的蓝白色光芒，非常耀眼，即使在城市的夜空中也能被清楚地看见。

大犬座

大犬座是一个很大的星座，在南方的天空中看上去就像是一只后腿站立、准备扑向猎物的猎犬。

大犬座的神话

勇敢对抗大狐狸的名犬

传说，大犬座来自月亮女神阿尔忒弥斯的侍女所饲养的名犬莱拉普斯。

一天，一只大狐狸出现在村子里面，接连不断地咬死咬伤家畜。村民们都十分头疼，希望莱拉普斯能把那只狐狸赶出去。

莱拉普斯面对大狐狸毫不畏惧，但是大狐狸非常狡猾，不断躲避着莱拉普斯的攻击，双方胜负难分。

宙斯看到这一幕，不希望它们两败俱伤，于是将它们都变成了石头，又把莱拉普斯提升到天界化为星座，这便是大犬座的来历。

天狼星看上去特别明亮并不是因为它自身发出的光特别强，而是因为它距离地球比较近。

我是橙色的
1等星。
我是偏白的
2等星。

双子座

双子座中，北河三是哥哥，北河二是弟弟。两列星星排列起来，勾画出兄弟俩的身影。

北河三

北河三是双子星中左边的那一颗，也是“冬季六边形”中的一角。

北河二

北河二位于北河三的右侧，和北河三的亮度不相上下，兄弟俩看上去真亲密呀。

双子座的神话

并肩作战的双胞胎兄弟

上文（第 61 页）提道，这对双胞胎兄弟是由宙斯化身为天鹅与勒达王后所生的。

哥哥是人类，是一名优秀的骑手。而弟弟则继承了父亲的血统，成为不死之身，擅长打拳。兄弟二人四处探险，活跃于世界各地。

然而，有一次，兄弟二人被心肠歹毒的堂弟所骗，起了争执。最后，哥哥不幸死去，只剩下弟弟孤身一人。

宙斯不忍心看到弟弟那么难过，将兄弟二人变成了双子座，让感情深厚的他们能够永远在一起。

星座笔记

每年 12 月前后出现的“双子座流星雨”，流星的起点正是在北河三附近。在地球上，人们一个小时之内能看见 50–60 颗流星呢。

毕宿五

毕宿五位于金牛座牛头的位置，是构成“冬季六边形”的星星之一。

金牛座

金牛座以毕宿五为中心，呈 V 字形排列的就是牛角，牛头的位置有散发着蓝白色光芒的昴星团，牛的下肢则隐没于云雾尘埃之中。

金牛座的神话

掳走了公主的公牛

传说，金牛座来自宙斯化身的公牛。

一天，宙斯看见在海边与女伴戏水摘花的欧罗巴公主。为了接近公主，宙斯化为一头健美的大白牛并在靠近公主时轻轻蹲下身子。公主就像被蛊惑了一样，骑上了牛背。

突然站起来的公牛带着公主在海面上奔跑。随后，宙斯告诉了欧罗巴公主他的真实身份并向她求婚。最终两人到达克里特岛，举行了婚礼。

据说，欧洲大陆“欧罗巴”的名字正是来源于这位公主。

星座笔记

即使不用双筒望远镜，在北半球晴朗的夜空用肉眼也能看到昴星团，通常能见到六七颗亮星。昴星团在日本家喻户晓。

五车二

五车二位于御夫座车夫左肩的小山羊身上，是构成“冬季六边形”的星星之一。五车二是最北边的 1 等星,在有些地区一年四季都能看到。

御夫座

“御夫”是指驾驶马车的车夫。御夫座的亮星形成一个五边形，就像日本将棋棋子的形状一样。银河从御夫座中间“流淌”而过。

御夫座的神话

哺育宙斯的山羊

众神之神宙斯有一个十分可怕的父亲，他的名字叫作克洛诺斯。克洛诺斯害怕王位会被自己的孩子抢走，于是把每一个刚出生的孩子都生吞了。宙斯出生后，母亲瑞亚立即将他藏在了山洞里，并把一块石头包在襁褓里交给了克洛诺斯。结果，克洛诺斯看也不看就将它一口咽了下去。

在山洞中给宙斯哺乳的是一只叫作阿玛尔忒亚的母羊。一天，宙斯不小心折断了母羊的一只角。宙斯感到非常抱歉，便对这只角施了法术，使这只角可以变出各种美味的水果。据说，御夫座中车夫抱着的山羊正是这只叫作阿玛尔忒亚的母羊。

星座笔记

御夫座的亮星形成一个五边形，所以御夫座在日本还有“五角星”“五颗星”的别名。

就这样，一年过去了……
地球可真是个有趣的地方啊！
有月的盈亏变化。
星座的变化移动。
季节的变化……
一年的时间过得好快啊！
对了，你的调查怎么样了？
啊？！调查……
哈哈哈，调查嘛，已经顺利做完了！
你真的有做吗？
在宇宙的另一边……
陨石宝宝已经去你那儿有一年了吧？
是啊，老师。
它要回宇宙的话必须得坐火箭，这能行吗？
好担心呀
不过，陨石宝宝和奇诺在一起，看上去也很开心。
因为地球上有动物也有植物，比较好玩吧。
在地球住着肯定很舒心。
那就这样也挺好的！
哈哈哈……

完结

索引

本书中出现的天体名称以及天体相关术语按照汉语拼音的顺序排列成下表。

版权登记号　图字：19-2020-152 号

图书在版编目（CIP）数据

我想认识你，星星和宇宙 /（日）藤井旭监修；黄慧敏译．— 深圳：海天出版社，2022.6
（儿童实用科普图鉴）
ISBN 978-7-5507-3281-0

Ⅰ．①我… Ⅱ．①藤… ②黄… Ⅲ．①天文学-儿童读物 Ⅳ．① P1-49

中国版本图书馆 CIP 数据核字 (2021) 第 182981 号

我想认识你，星星和宇宙
WO XIANG RENSHI NI, XINGXING HE YUZHOU

出 品 人　聂雄前
责任编辑　吴一帆　　责任校对　李想
责任技编　陈洁霞　　封面设计　心呈文化

出版发行	海天出版社	开　本	889mm×1194mm　1/20
地　址	深圳市彩田南路海天综合大厦（518033）	印　张	4
网　址	www.htph.com.cn	字　数	90 千
订购电话	0755-83460239（邮购、团购）	版　次	2022 年 6 月第 1 版
设计制作	深圳市心呈文化设计有限公司	印　次	2022 年 6 月第 1 次
印　制	深圳市新联美术印刷有限公司	定　价	39.80 元